环境类专业系列教材编审委员会

噪声控制技术

第二版

李耀中 李东升 编

化学工业出版社

·北京·

本书在 2001 年出版的《噪声控制技术》的基础上修订而成。主要介绍噪声控制技术的基本原理和基本方法，包括噪声控制基础、隔声、吸声、消声、隔振与阻尼等，并介绍环境噪声的控制与影响评价、噪声控制实例和实验。在内容编排上力争做到理论与实践相结合，努力突出实践性、应用性。此外，还针对不同的读者对象，提供不同的学习选择内容。在编排形式上，也力求新颖，在主要章节后附加阅读资料，以增加信息量和趣味性。

本书可作为职业院校环境保护与监测专业的教材，也可用于环境类专业技术工人和管理人员在职培训和上岗培训，还可用于其他人员噪声控制技术自学和参考用书。

图书在版编目（CIP）数据

噪声控制技术/李耀中，李东升编．—2 版．—北京：化学工业出版社，2008.2（2023.9重印）
ISBN 978-7-122-01975-2

Ⅰ．噪…　Ⅱ.①李…②李…　Ⅲ．噪声控制　Ⅳ. TB535

中国版本图书馆 CIP 数据核字（2008）第 011429 号

责任编辑：王文峡　　　　　　　　　　　文字编辑：卓　丽
责任校对：洪雅姝　　　　　　　　　　　装帧设计：尹琳琳

出版发行：化学工业出版社（北京市东城区青年湖南街 13 号　邮政编码 100011）
印　　装：北京天宇星印刷厂
787mm×1092mm　1/16　印张 8¼　字数 192 千字　2023 年 9 月北京第 2 版第 13 次印刷

购书咨询：010-64518888　　　　　　　　售后服务：010-64518899
网　　址：http://www.cip.com.cn
凡购买本书，如有缺损质量问题，本社销售中心负责调换。

定　　价：28.00 元

再版前言

2000 年，在全国石油和化工行业教学指导委员会的支持下，化学工业出版社组建了由全国十几所院校的二十多位专家教师组成的环境类专业教材编委会，于 2001 年出版了中等职业教育环境类专业系列教材。《噪声控制技术》是其中的一本。本教材自出版以来，受到广大师生的欢迎，实现了多次重印，对职业教育环境类专业的发展起到了一定的作用。同时，使用本书的一些教师也提出了许多宝贵的意见和建议。本教材正是在 2001 年出版的《噪声控制技术》第一版的基础上，依据目前职业教育发展特点修订而成的。

随着我国科学技术的不断进步、社会的不断发展，职业教育近几年也有了很大的发展，体现在职业教育理念的转变，人才培养目标紧跟社会发展的步伐，能力训练紧贴岗位要求。在这样的新形势下，学生将成为学习的主体，教师将成为主导。而这种角色的转变，不仅对学生、教师提出了更多、更高的要求，同时也对学习过程中使用的教材提出了新的要求。要求教材应充分体现职业教育倡导的以就业为导向、以技能培养为核心、以综合素质培养为灵魂的办学思想，同时还应兼顾学生自我学习的特点。

为了适应这些新情况，更好地满足读者的需求，本书重点对噪声控制技术、标准及其应用进行了更新；删除了一些相对过时的内容；增加了一些必要的噪声标准内容；对文字表述存在的疏漏、错误之处进行了更正。

本书在修订编写过程中，疏漏和不完善之处还希望读者予以指正。

编者

2008 年 1 月

第一版前言

环境问题是当代人类普遍关注的全球性问题。随着现代工业生产的迅速发展，对环境污染实施有效控制已变得越来越重要和紧迫；人类的可持续发展成为21世纪国际社会关注的焦点。我国吸取世界上工业化国家"先污染、后治理"的教训，把实现可持续发展作为一项基本国策。而可持续发展战略的实施必须依靠科技进步和环境教育。为满足社会对环境专门人才，特别是具有从事环境保护与监测工作的综合职业能力，在生产、服务、技术和管理第一线工作的高素质劳动者的需求，许多学校先后开设了环境类专业，培养出了一批又一批职业人才。随着高、中等职业教育改革的发展，社会对环境类职业人才专业水平与能力的要求日渐提高，广大院校把进一步提高环境类专业的教学质量作为专业生存和发展的基本前提。更新专业教学内容，强化职业能力培养，提高学生的专业素质，增强学生对职业的适应能力等问题逐渐集中到对传统教学内容和方式的改革上来。专业教学改革对教材提出了全新的要求，而改革的成果又为新教材的诞生提供了充分的素材。

化学工业出版社对近两年职业教育环境类专业的教学改革给予了高度重视和认真研究。2000年春，在全国石油和化工行业教学指导委员会的支持下，化学工业出版社组建了由全国十几所院校的二十多位专家教师组成的环境类专业教材编委会。在对几十所学校的培养规格、教学内容、专业特色等问题进行广泛调研的基础上，编委会组织各校进行了教学文件和手段的交流和研讨，拟订了环境类专业的协作性教学计划。接着对各校现用教材基本情况和意见进行了调查和整理，并决定从目前较薄弱的专业基础课和专业课教材入手，开始新一轮教材的编审工作。第一批教材涉及的课程有环境保护基础、大气污染控制技术、水污染控制技术、固体废物处理与利用、噪声控制技术和环境监测。

本套教材充分考虑职业教育对教材的要求，以学生为本，注重对专业素质和能力的培养。在保证专业教学内容科学合理的基础上，结合社会对环境类职业的要求，适当突出了技术传授和能力培养；根据学生兴趣发展，安排了部分自学内容，增强学校与社会、理论与实践之间的衔接。考虑到培养规格和教学内容的不同，学校之间教学重点和特色的区别，教材对课程内容和技术层次采用模块化拼接，以便于组织教学。

全书共分7章，内容包括噪声控制基础、隔声技术、吸声技术、消声技术、隔振与阻尼、环境噪声的控制与影响评价以及实验实例。本书在内容编排上力争做到理论与实践相结合，努力突出实践性、应用性，体现职业技术教育的特色。此外，针对不同的读者对象，提供了不同的学习选择内容（有＊者可不选）。在编排形式上，也力求新颖，在主要章节后附加阅读材料，以增加信息量和趣味性。

本书由李耀中（编写第1、2、3章）、李东升（编写第4、5、6、7章）编写，秦建华主审。参加审稿的有袁红兰、冷宝林、金永祥、刘勇志、高洪超、庄伟强、于淑萍、律国辉、陆志发、李广超、王燕飞等，他们提出了有益的修改意见和建议，在此表示衷心感谢。由于受编者水平的限制，书中一定存在不足之处，希望读者和广大师生提出宝贵意见，批评指正。

编者

2001年3月

目　　录

绪　论

如果聆听一下周围的环境，就会发现其间充斥了各种各样杂乱的声音，有机器的轰鸣声、铁器的碰撞声、汽车喇叭的鸣叫声、飞机掠过天空的轰响声等，它们完全掩盖了自然的声音，是我们所不希望听到的噪声。

所谓噪声，就是人们不需要的声音。它包括杂乱无章的、影响人们工作、休息、睡眠的各种不协调声音，甚至谈话声、脚步声、不需要的音乐声都是噪声。与人们接触时间最长、危害最广泛、治理最困难的噪声是生活和社会活动所产生的噪声。生活噪声虽然不会对人产生生理危害，但会使人烦躁、心神不定，干扰休息和工作。

1. 噪声控制技术课程的性质和内容

噪声控制技术是声学理论在环境科学中的应用，是一门迅速发展的边缘性应用学科，它涉及机械、建筑、材料、电子、环境、仪器乃至医学等多个领域，呈现多元化的发展趋势。

本课程是环境保护专业的一门重要专业课。全书共分七章，主要学习噪声控制基础知识、隔声技术、吸声技术、消声技术、隔振与阻尼技术以及噪声控制影响评价等内容（打 * 的内容为选学），并通过噪声控制实例和实验，使学生进一步学习和掌握噪声控制的方法和技术。

通过本门课程的学习，培养学生具有噪声控制仪器设备使用、选型和噪声控制方案选择的能力，掌握隔声、吸声、消声及隔振阻尼等控制技术的原理、特点、计算及应用，学会噪声影响评价的原则方法。

2. 噪声控制技术的发展

随着社会经济科技的发展，环境问题已被国际社会公认为是影响 21 世纪可持续发展的关键性问题，而噪声污染更是成为 21 世纪首要攻克的环境问题之一。人类社会在进步，科技在发展，人们的环境意识也在不断增强。近几年来，在噪声污染控制领域，无论在技术上，还是政策管理方面，都有长足的进步，效果非常显著。从 20 世纪 70 年代到 90 年代，噪声控制技术日益成熟，目前世界上常用的噪声控制技术有消声、吸声、隔声、隔振阻尼等，主要是在声源、噪声传播途径及接受点上进行控制和处理。从噪声源和振动源上进行噪声控制，既是最积极主动、有效合理的措施，也是工业生产中噪声控制的努力方向之一。

有源降噪技术自 1947 年美国 H. F. 奥尔森首次提出后，引起了世界各国的广泛兴趣。1953 年，H. F. 奥尔森等人又提出了"电子吸声器"，并付之实用。20 世纪 60 年代到 70 年代，欧洲一些国家把单个有源消声扩展为多通道系统和组合次级声源，并成功地将其应用于管道消声。1980 年，法国将配有微处理的有源消声器装置应用于 2.2kW 的实验室柴油机，在 20～250Hz 范围内可降低噪声 20dB。

近年来，国内不少大专院校、科研设计单位及工厂企业开展了产品低噪声化研究、实践，深入分析研究各种噪声源的发声机理及其传播途径，研制成功并批量生产了 20 余种低噪声产品，例如低噪声轴流风机、低噪声离心风机、低噪声罗茨鼓风机等。

噪声控制的进步还体现在政策管理方面，我国早在 20 世纪 70 年代就将保护环境确立为一项基本国策，并制定了各种环境规划，努力实现经济效益、社会效益和环境效益相统一。近 10 年来，国家和地方各级政府建立健全了环境保护管理机构、环境监测管理系统以及环保产品质量监督检验体系，颁布了环境噪声污染防治法和各种噪声与振动限值标准及测量方法，使噪声控制有法可依，有标准可循。可以预计，随着我国国民经济的发展和科学技术水平的不断提高，噪声控制将会有一个更大的发展。

3. 噪声控制技术课程的学习要求和方法

(1) 学习要求

噪声控制技术是一门理论性和实践性非常强的课程，学习要求如下。

① 掌握噪声的产生、传播和接收的原理、噪声的物理量度、噪声的传播特性、噪声的危害、噪声源的分类、噪声控制的基本途径；

② 掌握噪声测量仪器的使用、测点的选择、测量方法的选择、噪声源声功率级的测量和声压级差的测量；

③ 掌握隔声原理、隔声装置的类型、特点及选择；

④ 掌握消声原理、消声器的类型、特点及选择；

⑤ 掌握吸声原理、吸声材料与结构、了解吸声设计的原则、程序、计算；

⑥ 掌握隔振原理、隔振器的类型及特点，了解隔振设计，掌握阻尼原理及常见阻尼材料的性质；

⑦ 掌握噪声环境影响评价的评价对象、现状调查、评价标度、预测评价以及控制方案的选择；

⑧ 熟练掌握有关噪声监测与控制的操作。

(2) 学习方法

为了学好本门课程，建议学生采用以下学习方法。

① 切实掌握有关课程的相关知识，特别是物理学中的声学知识。本课程还与机械原理、机械设备、材料科学、建筑知识有密切关系，建议在学习时注意；

② 本课程是实践性较强的课程，学习时要特别重视理论联系实际，要多观察、多分析；

③ 在学习的过程中，应注意加强动手能力的培养，掌握常见仪器设备的使用维护方法。

1. 噪声控制基础

→ **学习指南**

为了了解噪声污染的规律，找到防治噪声污染的有效途径，首先要学习和讨论噪声的发生、类型、危害及传播特征，噪声的物理量度和主观评价等基本概念。学好这些基础知识，对掌握噪声控制技术的基本原理、防治噪声污染、改善生产生活条件有很大的帮助。

1.1 噪声及其类型

随着现代工业、建筑业和交通运输业的迅速发展，各种机械设备、交通运输工具在急剧增加，噪声污染日益严重，它影响和破坏人们的正常工作和生活，危害人体健康，已经成为当今社会四大公害之一。在《中华人民共和国环境噪声污染防治法》中，环境噪声是指在工业生产、建筑施工、交通运输和社会生活中所产生的影响周围生活环境的声音。

1.1.1 声音的产生

在日常生活中充满着各种各样的声音，有谈话声、广播声、各种车辆运动声、工厂的汽笛声和各种机器声等等。人们的一切活动离不开声音，正因为有了声音，人们才能进行交谈，才能从事生产和社会实践活动。如果没有声音，整个世界将处于难以想像的寂静之中。可见声音对人类是非常重要的。那么，声音是怎样产生的呢？空气中的各种声音，不管它们具有何种形式，它们都是由于物体的振动所引起的。敲鼓时听到了鼓声，同时能摸到鼓面的振动。喇叭发出声音是由于纸盆或音膜在振动。人能讲话是由于喉头声带的振动。汽笛声、喷气飞机的轰鸣声，是因为排气时气体振动而产生的。总之，物体的振动是产生声音的根源。发出声音的物体称为声源。声源发出的声音必须通过中间媒质才能传播出去。人们最熟悉的传声媒质就是空气。除了气体外，液体和固体也都能传播声音。

声音是如何通过媒质传播的呢？以音箱的纸盆为例，当声音信号通入音箱时，纸盆在它原来静止位置附近来回振动，带动了它相邻近的空气层质点，使它们产生压缩或膨胀运动。由于空气分子间有一定的弹性，这一局部区域的压缩或膨胀又会影响和促使下一邻近空气层质点发生压缩或膨胀的运动。如此由近及远相互影响，就会把纸盆的这一振动以一定的速度沿着媒质向各方向传播出去。这种振动传到耳朵，引起耳内鼓膜的振动，通过听觉神经使我们感觉到声音。这种向前推进着的空气振动称为声波。有声波传播的空间叫声场。当声振动在空气中传播时空气质点并不被带走，它只是在原来位置附近来回振动，所以声音的传播是指振动的传递。

物体振动产生声音，如果物体振动的幅度随时间的变化如正弦曲线那样，那么这种振动称为简谐振动。物体作简谐振动时周围的空气质点也作简谐振动。物体离开静止位置的距离称位移 x，最大的位移叫振幅 a，简谐振动位移与时间的关系可表示为 $x = a\sin(2\pi ft + \varphi)$，其中 f 为频率，$(2\pi ft + \varphi)$ 叫简谐振动的位相角或周相，它是决定物体运动状态的重要物理量，φ 表示 $t=0$ 时的位相角叫初位相。振幅 a 的大小决定了声音的强弱。

物体在 1s 内振动的次数称为频率，单位为赫兹（Hz），简称赫。每秒钟振动的次数愈多，其频率愈高，人耳听到的声音就愈尖，或者说音调愈高。人耳并不是对所有频率的振动都能感受到的。一般说来，人耳只能听到频率为 20～20000Hz 的声音，通常把这一频率范围的声音叫音频声。低于 20Hz 的声音叫次声，高于 20000Hz 的声音叫超声。次声和超声人耳都不能听到，但有一些动物却能听到，例如老鼠能听到次声，蝙蝠能感受到超声。

振动在媒质中传播的速度叫声速。在任何一种媒质中的声速取决于该媒质的弹性和密度。声音在空气中的传播速度还随空气温度的升高而增加。声音在不同媒质中传播的速度也是不同的，在液体和固体中的传播速度一般要比在空气中快得多，例如在水中声速为 1450m/s，而在钢中则为 5000m/s。

声波中两个相邻的压缩区或膨胀区之间的距离称为波长 λ，单位为米（m）。波长、频率和速度间存在如下的关系

$$\lambda = \frac{c}{f} = cT \tag{1-1}$$

其中 T 为周期，是物体来回振动一次所需的时间。因此波长是声音在一个周期的时间中所行进的距离。波长和频率成反比，频率愈高、波长愈短；频率愈低，波长愈长。

1.1.2 噪声的概念

物体的振动能产生声音，声波经空气媒介的传递使人耳感觉到声音的存在。但是，人们听到的声音有的很悦耳，有的却很难听甚至使人烦躁，那是什么道理呢？从物理学的角度讲，声音可分为乐音和噪声两种。当物体以某一固定频率振动时，耳朵听到的是具有单一音调的声音，这种以单一频率振动的声音称为纯音。但是，实际物体产生的振动是很复杂的，它是由各种不同频率的许多简谐振动所组成的，把其中最低的频率称为基音，比基音高的各频率称为泛音。如果各次泛音的频率是基音频率的整数倍，那么这种泛音称为谐音。基音和各次谐音组成的复合声音听起来很和谐悦耳，这种声音称为乐音。钢琴、提琴等各种乐器演奏时发出的声音就具有这种特点。这些声音随时间变化的波形是有规律的，而它所包含的频率成分中基音和谐音之间成简单整数比。所以凡是有规律振动产生的声音就叫乐音。

如果物体的复杂振动由许许多多频率组成，而各频率之间彼此不成简单的整数比，这样的声音听起来就不悦耳也不和谐，还会使人产生烦躁情绪。这种频率和强度都不同的各种声音杂乱地组合而产生的声音就称为噪声。图 1-1 是乐音与噪声的波形及其频谱。各种机器噪声之间的差异就在于它所包含的频率成分和其相应的强度分布都不相同，因而使噪声具有各种不同的种类和性质。从环境和生理学的观点分析，凡使人厌烦的、不愉快的和不需要的声音都统称为噪声，它包括危害人们身体健康的声音，干扰人们学习、工作和休息的声音及其他不需要的声音。

1.1.3 噪声的类型

一般来说，噪声主要分为过响声、妨碍声、不愉快声、无影响声等几类。过响声是指很响的声音，如喷气发动机排气声，大炮射击的轰鸣声等。妨碍声是指一些声音虽不太响但它

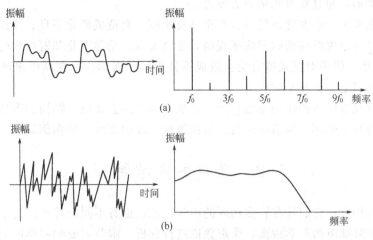

图 1-1　乐音与噪声的波形及其频谱
(a) 乐音（单簧管）的波形及其频谱；(b) 噪声的波形及其频谱

妨碍人们的交谈、思考、学习和睡眠的声音。如摩擦声、刹车声、吵闹声等噪声称为不愉快声。人们生活中习以为常的如室外风声、雨声、虫鸣声等声音称为无影响声。

根据噪声源的不同，噪声可分为工业噪声、交通噪声和生活噪声三种。

工业噪声是指工厂在生产过程中由于机械震动、摩擦撞击及气流扰动产生的噪声。例如像化工厂的空气压缩机、鼓风机和锅炉排气放空时产生的噪声，都是由于空气振动而产生的气流噪声。球磨机、粉碎机和织布机等产生的噪声，是由于固体零件机械振动或摩擦撞击产生的机械噪声。

交通噪声是指飞机、火车、汽车和拖拉机等交通运输工具在飞行和行驶中所产生的噪声。

生活噪声是指街道以及建筑物内部各种生活用品设备和人们日常活动所产生的噪声。

工业噪声、城市交通噪声和生活噪声也是构成环境噪声的三个主要来源。噪声使人感到烦躁，强的噪声还会给人体健康带来危害。

1.1.4　噪声的危害

噪声的危害是多方面的，噪声不仅对人们正常生活和工作造成极大干扰，影响人们交谈、思考，影响人的睡眠，使人产生烦躁情绪、反应迟钝，工作效率降低，分散人的注意力，引起工作事故，而且使人的听力和健康受到损害。噪声的强度愈大、频率愈高、作用时间愈长、个人耐力愈小，则危害愈严重。据统计资料表明，80dB（A）以下的噪声不会引起噪声性耳聋；80dB（A）～85dB（A）的噪声会造成轻微的听力损伤；85dB（A）～100dB（A）的噪声会造成一定数量的噪声性耳聋；而在 100dB（A）以上时，会造成相当大数量的噪声性耳聋。人在没有思想准备的情况下，强度极高的爆震性噪声（如突然放炮、爆炸时）可使听力在一瞬间永久丧失，即产生爆震性耳聋，这时，人的听觉器官将遭受严重创伤。

噪声对人体健康的影响是多方面的。噪声作用于人的中枢神经系统，使人们大脑皮层的兴奋与抑制平衡失调，导致条件反射异常，使脑血管张力遭到损害。这些生理上的变化，在早期能够恢复原状，但时间一久，就会导致病理上的变化，使人产生头痛、脑胀、耳鸣、失眠、心慌、记忆力衰退和全身疲乏无力等症状。噪声作用于中枢神经系统还会影响胎儿发育，造成胎儿畸形，并且妨碍儿童智力发育。

噪声对消化系统、心血管系统也有严重不良影响，会造成消化不良、食欲不振、恶心呕吐，从而导致胃病及胃溃疡病的发病率提高，使高血压、动脉硬化和冠心病的发病率比正常情况高出 2～3 倍。噪声对视觉器官也会造成不良影响。据调查，在高噪声环境下工作的人常有眼痛、视力减退、眼花等症状。

同时噪声对仪器设备的使用也会有严重影响，强噪声会使机械结构因声疲劳而断裂酿成事故；使建筑物遭受破坏，如墙壁开裂、屋顶掀起、玻璃震碎、烟囱倒塌等。

1.2 噪声的声学特征

噪声与乐音相比，它们具有许多相同的声学特征，也有不同的特点。为了对噪声进行控制和治理，必须对噪声的声学特征、噪声频谱进行分析。本节主要学习噪声的物理度量和噪声的主观评价量，包括声压、声强、声功率、声压级、声强级、声功率级、分贝、响度和响度级等基本概念。

1.2.1 噪声的物理量度

1.2.1.1 声压与声压级

当没有声波存在、大气处于静止状态时，其压强为大气压强 p_0。当有声波存在时，局部空气产生压缩或膨胀，在压缩的地方压强增加，在膨胀的地方压强减少，这样就在原来的大气压上又叠加了一个压强的变化。这个叠加上去的压强变化是由于声波而引起的，称为声压，用 p 表示。一般情况下，声压与大气压相比是极弱的。声压的大小与物体的振动有关，物体振动的振幅愈大，则压强的变化也愈大，因而声压也愈大，听起来就愈响，因此声压的大小表示了声波的强弱。

当物体作简谐振动时，空间各点产生的声压也是随时间作简谐变化，某一瞬间的声压称为瞬时声压。在一定时间间隔中将瞬时声压对时间求方均根值即得有效声压。一般用电子仪器测得的声压即是有效声压。因此习惯上所指的声压往往是指有效声压，用 p_e 表示，它与声压幅值 p_A 之间的关系为 $p_e = p_A / \sqrt{2}$。

衡量声压大小的单位在国际单位制中是帕斯卡，简称帕，符号是 Pa。

日常生活中所遇到的各种声音，其声压数据举例如下。

正常人耳能听到的最弱声音　2×10^{-5} Pa　　　　织布车间　　　　　　　　2Pa

普通说话声（1m 远处）　　2×10^{-2} Pa　　　　柴油发动机、球磨机　　　20Pa

公共汽车内　　　　　　　　0.2Pa　　　　　　喷气飞机起飞　　　　　　200Pa

从以上列举的数据可以看到，正常人耳能听到的最弱声压为 2×10^{-5} Pa，称为人耳的"听阈"。当声压达到 20Pa 时，人耳就会产生疼痛的感觉，20Pa 为人耳的"痛阈"。"听阈"与"痛阈"的声压之比为一百万倍。

由于正常人耳能听到的最弱声音的声压和能使人耳感到疼痛的声音的声压大小之间相差一百万倍，表达和应用起来很不方便。同时，实际上人耳对声音大小的感受也不是线性的，它不是正比于声压绝对值的大小，而是同它的对数近似成正比。因此如果将两个声音的声压之比用对数的标度来表示，那么不仅应用简单，而且也接近于人耳的听觉特性。这种用对数标度来表示的声压称为声压级，它用分贝来表示。某一声音的声压级定义是：该声音的声压 p 与一某参考声压 p_0 的比值取以 10 为底的对数再乘 20，即

$$L_p = 20 \lg \frac{p}{p_0} \tag{1-2}$$

式中，L_p 为声压级，单位分贝，记作 dB；p_0 是参考声压，国际上规定 $p_0 = 2 \times 10^{-5}$ Pa，这就是人耳刚能听到的最弱声音的声压值。

当声压用分贝表示时，巨大的数字就可以大大地简化。听阈的声压为 2×10^{-5} Pa，其声压级就是 0dB。普通说话声的声压是 2×10^{-2} Pa，代入上式可得与此声压相应的声压级为 60dB。使人耳感到疼痛的声压是 20Pa，它的声压级则为 120dB。由此可见，当采用声压级的概念后，听阈与痛阈的声压之比从 100 万倍的变化范围变成 0~120dB 的变化。所以"级"的大小能衡量声音的相对强弱。

1.2.1.2 声强与声强级

声波的强弱可以用好几种不同的方法来描述，最方便的一般是测量它的声压，这要比测量振动位移、振动速度更方便更实用。但是有时却需要直接知道机器所发出噪声的声功率，这时就要用声能量和声强来描述。

任何运动的物体包括振动物体在内都能够作功，通常说它们具有能量，这个能量来自振动的物体，因此声波的传播也必须伴随着声振动能量的传递。当振动向前传播时，振动的能量也跟着转移。在声传播方向上单位时间内垂直通过单位面积的声能量，称为声音的强度或简称声强，用 I 表示，单位是 W/m^2。声强的大小可用来衡量声音的强弱，声强愈大，人耳听到的声音愈响；声强愈小，人耳感觉的声音愈轻。声强与离开声源的距离有关，距离越远，声强就越小。例如火车开出月台后，愈走愈远，传来的声音也愈来愈轻。

与声压一样，声强也可用"级"来表示，即声强级 L_I，它的单位也是分贝（dB），定义为

$$L_I = 10 \lg \frac{I}{I_0} \tag{1-3}$$

其中 I_0 为参考声强，$I_0 = 10^{-12} W/m^2$，它相当于人耳能听到最弱声音的强度。

声强级与声压级的关系是

$$L_I = L_p + 10 \lg \frac{400}{\rho c} \tag{1-4}$$

媒质的 ρc 随媒介的温度和气压而改变。如果在测量条件时恰好 $\rho c = 400$，则 $L_I = L_P$。对一般情况，声强级与声压级相差一修正项 $10 \lg \frac{400}{\rho c}$，数值是比较小的。

例如在室温 20℃ 和标准大气压下，声强级比声压级约小 0.1dB，这个差别可略去不计，因此在一般情况下认为声强级与声压级的值相等。

1.2.1.3 声功率与声功率级

声功率为声源在单位时间内辐射的总能量，用符号 W 表示，通常采用瓦（W）作为声功率的单位。声强和声源辐射的声功率有关，声功率愈大，在声源周围的声强也大，两者成正比，它们的关系为

$$I = \frac{W}{S} \tag{1-5}$$

S 为波阵面面积。如果声源辐射球面波，那么在离声源距离为 r 处的球面上各点的声强为

$$I = \frac{W}{4\pi r^2} \tag{1-6}$$

从这个式子可以知道，声源辐射的声功率是恒定的，但声场中各点的声强是不同的，它与距离的平方成反比。如果声源放在地面上，声波只向空中辐射，这时

$$I = \frac{W}{2\pi r^2} \tag{1-7}$$

声功率是衡量噪声源声能输出大小的基本量。声压常依赖于很多外在因素，如接收者的距离、方向、声源周围的声场条件等，而声功率不受上述因素影响，可广泛用于鉴定和比较各种声源。但是在声学测量技术中，到目前为止，可以直接测量声强和声功率的仪器比较复杂和昂贵，它们可以在某种条件下利用声压测量的数据进行计算得到。当声音以平面波或球面波传播时声强与声压间的关系为

$$I = \frac{p^2}{\rho c} \tag{1-8}$$

因此，利用公式根据声压的测量值就可以计算声强和声功率。

声功率用级来表示时称为声功率级 L_W，单位也是分贝，功率为 W 的声源，其声功率级

$$L_W = 10\lg \frac{W}{W_0} \tag{1-9}$$

其中 W_0 为基准声功率，取 $W_0 = 10^{-12}$ W。

由此可见，分贝是一个相对比较的对数单位。其实任何一个变化范围很大的噪声物理量都可以用分贝这个单位来描述它的相对变化。

1.2.1.4 噪声的频谱与频带

从噪声与乐音的概念分析可知，它们的区别除了主观感觉上有悦耳和不悦耳之分外，在物理测量上可对它进行频率分析，并根据其频率组成及强度分布的特点来区分。对复杂的声音进行频率分析并用横轴代表频率、纵轴代表各频率成分的强度（声压级或声强级），这样画出的图形叫频谱图。乐音的频谱图是由不连续的离散频谱线构成，见图 1-1(a)。在噪声的频谱图上各频率成分的谱线排列得非常密集，具有连续的频谱特性。在这样的频谱中声能连续地分布在整个音频范围内，见图 1-1(b)。大多数机器具有连续的噪声频谱，也称无调噪声。有些机器如鼓风机、感应电动机等所发声音的频谱中，既具有连续的噪声频谱，也具有非常明显的离散频率成分，这种成分一般是由电动机转子或减速器齿轮等旋转构件的转数决定，它使噪声具有明显的音调，但总的说来它仍具有噪声的性质，称为有调噪声。

噪声的频率从 20～20000Hz，高音和低音的频率相差 1000 倍。为实际应用方便起见，一般把这一宽广的频率变化范围划分为一些较小的段落，这就是频带。一般只需测出各频带的噪声强度就可画出噪声频谱图。那么，频带是怎样划分的呢？用于分析噪声的滤波器可把某一频带的低于截止频率 f_1 以下和高于截止频率 f_2 以上的讯号滤掉，只让 f_2～f_1 之间的讯号通过。因此这一中间区域称为通带，$\Delta f = f_2 - f_1$ 就是频带宽度，简称带宽。为测量噪声而设计的滤波器有倍频带、1/2 倍频带和 1/3 倍频带滤波器。一般对 n 倍频带作如下定义

$$\frac{f_2}{f_1} = 2^n \tag{1-10}$$

当 $n=1$ 时，$f_2/f_1=2$，即高低截止频率之比为 2:1，这样的频率比值所确定的频程称为倍频程，这种频带称倍频带。同此，当 $n=1/2$ 时，$f_2/f_1=2^{1/2}$，称为 1/2 倍频带。目前，各

种测量中经常使用 1/3 倍频带，即 $n=1/3$，此时每一频带的高低截止频率之比为 $f_2/f_1=2^{1/3}$。频带的高低截止频率 f_2 和 f_1 与中心频率 f_0 间有下列关系

$$f_0=\sqrt{f_1 f_2} \tag{1-11}$$

从上式可得到倍频带和 1/3 倍频带的带宽 Δf 分别为

$n=1$ 时，$\Delta f=f_2-f_1=0.707 f_0$

$n=\dfrac{1}{3}$ 时，$\Delta f=f_2-f_1=0.23 f_0$

在噪声测量中经常使用的频带是倍频带和 1/3 频带。图 1-2(a)、(b)、(c) 分别为空压机、电锯和柴油机噪声源的噪声频谱图。

由频谱图可知，有的机器噪声低频成分多些，如图 1-2(a) 所示空压机噪声都在低频段，称为低频噪声；有的机器像电锯、铆枪等辐射的噪声以高频成分为主，如图 1-2(b) 所示，称为高频噪声；而像图 1-2(c) 所示的是宽带噪声，它均匀地辐射从低频到高频的噪声。

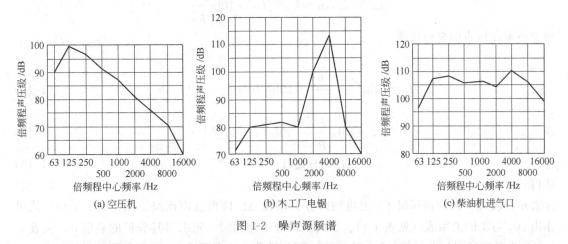

图 1-2　噪声源频谱

一般说来，测量时用的频带宽度不同，所测得的声压级就不同，也即窄频带不允许有宽频带那样多的噪声通过。为了对不同噪声进行比较，可将 1/3 倍频带的声压级与倍频带声压级进行换算。

一般将 Δf 宽度的频带声压级换算到 $\Delta f'$ 宽度的频带声压级，可由下式计算：

$$L_{\Delta f'}=L_{\Delta f}-10\lg\dfrac{\Delta f}{\Delta f'},(\text{dB}) \tag{1-12}$$

由上式可算出 1/3 倍频带声压级加 4.8dB 后即可得倍频带声压级。

*1.2.1.5　**噪声叠加的分贝计算**

如果有两个互相独立且具有不同频率的声源，在离两声源相同距离的某一点上所产生的振动时而互相加强，时而互相减弱，随时间平均后的结果与相互间没有发生作用时的情形一样，这样的声波叫不相干波。人们日常遇到的噪声一般是不相干波。根据能量叠加的法则，两个不相干波的叠加后的总声压的平方为

$$p^2=p_1^2+p_2^2 \tag{1-13}$$

其中 p_1、p_2 分别为两个声源声压的有效值。因此离声源相同距离的某一点上两个声音迭加后的总声压级为

$$L_p = 20 \lg \frac{p}{p_0} = 10 \lg \frac{p_1^2 + p_2^2}{p_0^2} \tag{1-14}$$

假定二个声源产生相同声压级，即 $p_1 = p_2$，则总声压级为

$$L_p = 10 \lg \frac{2p_1^2}{p_0^2} = 10 \lg \frac{p_1^2}{p_0^2} + 10 \lg 2 = L_1 + 3 \tag{1-15}$$

也就是说比单个声源增加 3dB。如果有 N 个相同的声源，则总声压级等于

$$L = L_1 + 10 \lg N \tag{1-16}$$

如果有两个不相干声源，在某点产生的声压级分别为 L_1 和 L_2，且第一个声源的声压级比第二个声源大 δ 分贝，则有如下关系

$$L_1 = 10 \lg \frac{p_1^2}{p_0^2}, L_2 = 10 \lg \frac{p_2^2}{p_0^2}$$

$$L_1 > L_2, \delta = L_1 - L_2 = 10 \lg \frac{p_1^2}{p_0^2}$$

两个声源在该点的总声压级：

$$L = 10 \lg \frac{p_1^2 + p_2^2}{p_0^2} = 10 \lg(10^{L_1/10} + 10^{L_2/10}) \tag{1-17}$$

或

$$L = 10 \lg \frac{p_1^2}{p_0^2} + 10 \lg(1 + 10^{-\delta/10}) \tag{1-18}$$

令

$$\Delta L = 10 \lg(1 + 10^{-\delta/10}) \tag{1-19}$$

就得

$$L = L_1 + \Delta L \tag{1-20}$$

这表示在较强声源的声压级 L_1 上再加以分贝增值 ΔL 即得总声压级。根据式（1-19）式可作出 ΔL 与 δ 的关系表（见表 1-1）。当两个声源不相同时，先求出其分贝的差值 δ，从表 1-1 中找出对应的附加分贝值 ΔL，然后再加到分贝数高的声压级 L_1 上即可得总压声级。

表 1-1 分贝（dB）和的增值表

δ/dB	0	1	2	3	4	5	6	7	8	9	10
ΔL/dB	3.0	2.5	2.1	1.8	1.5	1.2	1.0	0.8	0.6	0.5	0.4

对于两个以上的声源相迭加时也采用同样的方法。

【例 1-1】 当同时存在三个噪声源，其声压级分贝数分别为 $L_1 = 100\text{dB}$，$L_2 = 95\text{dB}$，$L_3 = 98\text{dB}$，求其总声压级。

解：根据以上所讲的加法规则，首先决定较大的两个声源 L_1 与 L_3 同时存在时的总声压级 $L_{1,3}$，因为 $\delta_{1,3} = L_1 - L_3 = 2\text{dB}$，由表 1-1 查得 $\Delta L_{1,3} = 2.1\text{dB}$，所以 $L_{1,3} = 102.1\text{dB}$。

再求 $L_{1,3}$ 和 L_2 的迭加，因 $\delta_{123} = L_{1,3} - L_2 = 102.1 - 95 = 7.1\text{dB}$，由图查得其相应的附加 dB 值约为 0.8dB，因而三个噪声源的总声压级 $L = 102.1 + 0.8 = 102.9\text{dB}$。

从以上的计算可以看到，如果两个噪声源的声压级相差 6～8dB 或更大时，则较弱的声源的声压级可以不考虑，因为此时的附加 dB 数小于 1。由此可见，为了显著地降低机组的总噪声级，首先必须对最强烈的噪声源进行处理。

对于三个以上的多个噪声源同时存在时，除了可用 dB 增值表按上述方法依次计算外，还可直接利用公式计算。当有 N 个噪声源时其声压级分别为 L_1、L_2、…、L_N，则总声压

级为

$$L = 10\lg(10^{L_1/10} + 10^{L_2/10} + \cdots + 10^{L_N/10}) \tag{1-21}$$

1.2.2 噪声的主观评价

对噪声进行评价，是一个比较复杂的问题。一方面是各种不同的噪声有各自的物理特性，另一方面在不同环境下，人们对噪声控制的目的也不同，如为了保护人体健康、语言的传递和机器的质量控制等等。要根据不同情况，拟定不同的噪声评价量，以制订不同的噪声控制标准。现在国际上已经提出的各种噪声评价量已有上百种，大部分的评价量是在某些基本评价量的基础上作些变化或修正。主要介绍几种最基本和常用的评价量。

1.2.2.1 响度与响度级

从刚能听见的听阈到感觉疼痛的痛阈之间，人耳对强度相同而频率不同的声音有不同的响度感觉。响度是用来描述声音大小的主观感觉量，响度的单位是"宋"（sone），定义 1 千赫（kHz）纯音声压级为 40dB 时的响度为 1sone。

如果把某个频率的纯音与一定响度的 1kHz 纯音很快地交替比较，当听者感觉两者为一样响时，把该频率的声强标在图上，便可画出一条等响曲线。图 1-3 是在自由声场中测得的等响曲线图。把 1kHz 纯音时声强的分贝（dB）数称为这条等响曲线的以"方"为单位的响度级。例如图 1-3 中 1kHz 纯音的声强为 $10^{-6}\,W/m^2$，对应的声强级为 60dB，则这条等响曲线的响度

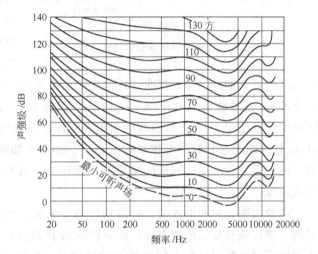

图 1-3　自由声场中测得的等响曲线

级为 60 方。同一条等响曲线（即响度级相同）上的不同频率纯音的声强不同，但主观感觉的响度是相同的。例如 30dB1kHz 的纯音与 40dB300Hz 的纯音一样响，响度级都是 30 方。

响度级只是反映了不同频率声音的等响感觉，它的量度单位"方"仍基于客观量"dB"，所以不能表示一个声音比另一个声音响多少倍的那种主观感觉。

对于图 1-3，应注意"0"方的虚线是最小可听声场曲线，相当于听阈曲线。还应注意，不同响度级的等响曲线之间是不平行的，较低响度时的等响曲线弯得厉害些，较高响度时的等响曲线变化较小。在很低的频率，人耳对低强度的感觉很迟钝，但在一定强度以上，则较小的强度变化将感到有较大的响度差别。

对许多人的平均结果，大约响度级每改变 10 方，响度感觉就增减 1 倍。在 20 方至 120 方之间的纯音或窄带噪声，响度级 L_N 与响度 N 之间近似有如下关系

$$N = 2^{(L_N-40)/10} \tag{1-22}$$

或　　　　　　　　$$L_N = 40 + 10\log_2 N = 40 + 33.22\lg N \tag{1-23}$$

对于纯音的响度值，可以在测出它声压级后，从等响曲线图 1-3 中查出它的响度级，再从上式计算出它的响度值。

1.2.2.2 计权声级

如上所述，相同强度的纯音，如果频率不同，则人们主观感觉到的响度是不同的，而且不同响度级的等响曲线也是不平行的，即在不同声强的水平上，不同频率的响度差别也有不

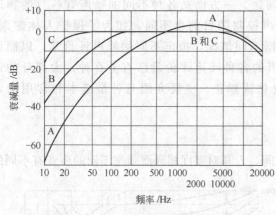

图 1-4 计权网络频率响应特性曲线

同。在评价一种声音的大小时，为了要考虑到人们主观上的响度感觉，人们设计一种仪器，把 300Hz、40dB 左右的响度降低 10dB，从而使仪器反映的读数与人的主观感觉相接近。其他频率也根据等响曲线作一定的修正。这种对不同频率给以适当增减的方法称为频率计权。经频率计权后测量得到的 dB 数称为计权声级。因为在不同声强水平上的等响曲线不同，要使仪器能适应所有不同强度的响度修正值是困难的。常用的有 A、B、C 三种计权网络，图 1-4 是这几种计权网络的频率曲线。A 计权曲线近似于响度级为 40 方等响曲线的倒置。经过 A 计权曲线测量出的 dB 读数称 A 计权声级，简称 A 声级或 L_A，表示为分贝（A）或 dB(A)。同样，B 计权曲线近似于 70 方等响曲线的倒置。C 计权曲线近似于 100 方等响曲线的倒置。测得的 dB 读数分别为 B 计权声级和 C 计权声级。如果不加频率计权，即仪器对不同频率的响应是均匀的，即线性响应，测量的结果就是声压级，直接以分贝或 dB 表示，记作 L_{in}，称为 L 计权声级。

经验表明，时间上连续、频谱较均匀、无显著纯音成分的宽频带噪声的 A 声级，与人们的主观反映有良好的相关性，即测得的 A 声级大，人们听起来也觉得响。当用 A 声级大小对噪声排次序时，与人们主观上的感觉是一致的。同时，A 声级的测量，只需一台小型化的手持仪器即可进行。所以，A 声级是目前广泛应用的一个噪声评价量，已成为国际标准化组织和绝大多数国家用作评价噪声的主要指标。许多环境噪声的允许标准和机器噪声的评价标准都采用 A 声级或以 A 声级为基础。

但是，A 声级并不反映频率信息，即同一 A 声级值的噪声，其频谱差别可能非常大。所以对于相似频谱的噪声，用 A 声级排次序是完全可以的。但若要比较频谱完全不同的噪声，那就要注意到 A 声级的局限性。如果要评价有纯音成分或频谱起伏很大的噪声的响度，以及要分析噪声产生原因，研究噪声对人体生理影响、噪声对语言通信的干扰等工作，就必须进行频谱分析或其他信息处理。

C 计权曲线在主要音频范围内基本上是平直的，只在最低与最高频段略有下跌，所以 C 声级与线性声压级是比较接近的。在低频段，C 计权与 A 计权的差别最大，所以根据 C 声级与 A 声级的相差大小，可以大致上判断该噪声是否以低频成分为主。D 计权测得的分贝数称 D 计权声级，表示为 dB(D)。D 声级主要用于航空噪声的评价。

实际噪声很少是稳定地保持固定声级的，而是随时间有忽高忽低的起伏。

对于这种非稳态的噪声如何来评价呢？常用的方法是采用声能按时间平均的方法，求得某一段时间内随时间起伏变化的各个 A 声级的平均能量，并用一个在相同时间内声能与之

相等的连续稳定的 A 声级来表示该段时间内噪声的大小。称这一连续稳定的 A 声级为该不稳定噪声的等效连续声级，记为 L_{eq}，这相当于在这段时间内，一直有 L_{eq} 这么大的 A 声级在作用，也称为等效连续 A 声级，或简称为等效 A 声级或等效声级。其定义式为

$$L_{eq}=10\lg\frac{1}{T}\int_0^T 10^{0.1L_A(t)}\mathrm{d}t \tag{1-24}$$

现在的自动化测量仪器，例如积分式声级计，可以直接测量出一段时间内的 L_{eq} 值。一般的测量方法是在一段足够长的时间内等间隔地取样读取 A 声级，再求它的平均值。要注意是将 A 声级换算到 A 计权声压的平方求平均。如果在该段时间内一共有 n 个离散的 A 声级读数，则等效连续 A 声级的计算公式为

$$L_{eq}=10\lg\left(\frac{1}{n}\sum_{i=1}^n 10^{0.1L_i}\right) \tag{1-25}$$

式中　L_i——第 i 个 A 声级值。

为了指数运算的方便，还可任意选择一个较小值作为参考声级 L_0，则有

$$L_{eq}=L_0+10\lg\left[\sum\frac{n_i}{n}10^{0.1(L_i-L_0)}\right] \tag{1-26}$$

【例 1-2】　在一个车间内，每隔 5 分钟测量一个 A 声级，一天 8 小时共测 96 次，如果有 12 次是 85(83～87)dB(A)，12 次是 90(88～92)dB(A)，48 次是 95(93～97)dB(A)，24 次是 100(98～102)dB(A)。取 $L_0=80$dB(A)，（85dB(A) 也可），则 $L_1=85$dB(A)，$n_1/n=1/8$，$L_2=90$dB(A)，$n_2/n=1/8$，$L_3=95$dB(A)，$n_3/n=1/2$，$L_4=100$dB(A)，$n_4/n=1/4$，代入式(1-26) 计算，有

$$L_{eq}=80+10\lg\left[\frac{1}{8}10^{0.1\times(85-80)}+\frac{1}{8}10^{0.1\times(90-80)}+\frac{1}{2}10^{0.1\times(95-80)}+\frac{1}{4}10^{0.1\times(100-80)}\right]$$
$$\approx 96.3\text{dB(A)}$$

* 1.2.2.3　噪声评价曲线 NRC

为了知道噪声的频谱特性，至少对噪声进行倍频程频谱分析，在频谱分析后仍能用一个数来表示噪声水平，国际标准化组织推荐使用噪声评价曲线 NRC（如图1-5）。每条曲线所标的数字称噪声评价数，记为 NR 数或 N 数。它与这条曲线上1kHz 的声压级数相同。

在应用这些曲线进行噪声评价时，把对某种噪声测得的各频带声压级标在这种曲线图上，在各个倍频程带声压级所对应的 NR 数中取其最大值即为这种噪声评价数。

如果把 NR 曲线上各信频程带声压级读数，经 A 计权来计算它的 A 声级值 L_A，则近似有

$$NR=L_A-5 \tag{1-27}$$

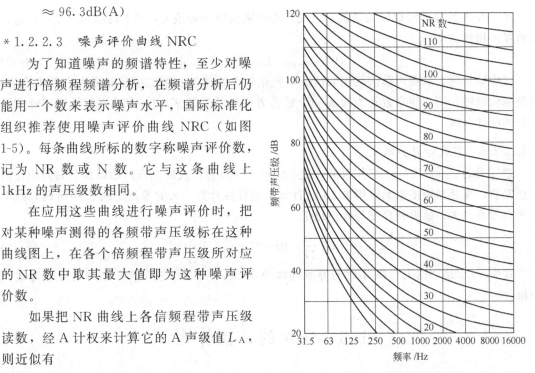

图 1-5　噪声评价曲线

因此在进行噪声控制设计时，可以按比 A 声级值低 5 的噪声评价曲线来对各个倍频程带进行控制。例如对于有打印机的办公室，要求噪声低于 55dB(A)，则在进行噪声控制设计时，可以按 NR—50 号曲线所对应的各倍频程带声压级进行设计，即 63 赫带不超过 75dB，125赫带不超过 66dB，250 赫带不超过 53dB，500 赫带不超过 54dB，1 千赫带不超过 50dB，2千赫带不超过 47dB，4 千赫带不超过 46dB，8 千赫带不超过 44dB。

上述几种评价量是最基本的。对于稳定的噪声，经常用 A 声级来评价。如果要了解噪声的频谱特性，通常用噪声评价曲线进行评价。对于随时间而变化的非稳态噪声，通常采用等效连续声级 L_{60} 来评价或采用统计方法进行评价。除此以外，还有一些专门的评价量。

* 1.2.2.4　噪声污染级 L_{NP}

噪声污染级 L_{NP} 定义为

$$L_{NP} = L_{eq} - k\sigma \tag{1-28}$$

由两项组成，第一项是等效连续 A 声级，代表这段时间内噪声的平均能量 A 计权。第二项中 k 是常数，经验值取 2.56 较为合适。σ 是总共 n 次测量所得各个 A 声级 L_i 的平均值的标准偏差，即

$$\sigma = \left[\frac{1}{n-1} \sum_{i=1}^{n} (L_i - L)^2 \right]^{1/2} \tag{1-29}$$

式中，n 是这段时间的总测量次数，L_i 是各次测量的 A 声级值，L 是各 L_i 的算术平均值。第二项 $k\sigma$ 代表了这段时间内的噪声起伏变化的程度。所以噪声污染级的意义是：一种噪声的吵闹程度，除了与这种噪声的平均大小有关外，还与它的高低变化情况有关，变化越大，同样使人觉得越吵闹。

* 1.2.2.5　交通噪声指数 TNI

在 24h A 计权声级取样的基础上，统计得到随机噪声峰值 L_{10} 和本底噪声级 L_{90}，定义交通噪声指数 TNI 为

$$TNI = 4(L_{10} - L_{90}) + L_{90} - 30 \tag{1-30}$$

式中第一项表示噪声起伏变化的情况，变化越大就越吵。第二项是交通噪声的本底值，也是越大越吵。第三项常数是为凑成一个较为方便的结果数字。L_{10} 和 L_{90} 都是用统计方法测得的统计声级。

* 1.2.2.6　日夜等效声级 L_{an}

把每天的 7:00～22:00 算作白天，把 22:00～7:00 算作夜间。夜间睡眠休息时间应比白天更安静，夜晚噪声的影响应增加 10dB 计算。这样在计算一天的等效连续 A 声级时，把上面两点考虑进去，就得到日夜等效声级 L_{dn}。

$$L_{dn} = 10\lg\left(\frac{15}{24} \times 10^{L_d/10} + \frac{9}{24} \times 10^{L_n/10} \right) \tag{1-31}$$

式中，L_d 是"白天"15 小时的等效连续 A 声级，L_n 是"夜间"9 小时的等效连续 A 声级。

1.3　噪声的传播特性

噪声源总是安装在一定的空间中（在开阔空间或室内空间），因此必须研究声音在空间

中传播的特性，包括声波传播过程中的衰减、反射、折射、绕射和干涉等现象。

1.3.1 声场

传播声波的空间称为声场，声场分自由声场、扩散声场和半自由声场。声波的传播方向称为声线或波线。某一时刻声波到达各点所连成的曲面称为波阵面，按照波阵面的形状，声波可分为平面波、球面波和柱面波等。

1.3.1.1 自由声场

声波在介质中传播时，在各个方向上都没有反射，介质中任何一点接受的声音，都只是来自声源的直达声，这种可以忽略边界影响，由各向同性均匀介质形成的声场称为自由声场。自由声场是一种理想化的声场，严格地说在自然界中不存在这种声场，但是可以近似地将空旷的野外看成是自由声场。在声学研究中为了克服反射声和防止外来环境噪声的干扰，专门创造一种自由声场的环境，即消声室，它可以用做听力实验，检验各种机器产品的噪声指标，测量声源的声功率，校准一些电声设备等。

1.3.1.2 扩散声场

扩散声场与自由声场完全相反。在扩散声场中，声波接近全反射的状态。例如，在室内，人听到的声音除来自声源的直达声外，还有来自室内各表面的反射声。如果室内各表面非常光滑，声波传到壁面上会完全反射回来。如果室内各处的声压几乎相等，声能密度也处处均匀相等，那么这样的声场就叫做扩散声场（混响声场）。在声学研究中，可以专门创建具有扩散声场性能的房间，即混响室。它可用来做各种材料的吸声系数测量，测试声源的声功率和做不同混响时间下语言清晰度试验等。

1.3.1.3 半自由声场

在实际工程中，遇到最多的情况，既不是完全的自由声场，也不是完全的混响声场，而是介于二者之间，这就是半自由声场。在工厂的车间厂房里，壁面和吊顶是用普通砖石土木结构建造的，有部分吸声能力，但不是完全吸收，这就是半自由声场的情况。根据环境吸声能力的不同，有些半自由声场接近自由声场一些，有的更接近扩散声场。

1.3.2 噪声在传播中的衰减

声源发出的噪声在媒介中传播时，其声压或声强将随着传播距离的增加而逐渐衰减。造成这种衰减的原因有二个：一是传播衰减，二是空气对声波的吸收。

1.3.2.1 传播衰减

声波在传播过程中波阵面要扩展，波阵面面积随离声源的距离增加而不断扩大，这样通过单位面积的能量就相应减小。由于波阵面扩展而引起的声强随距离而减弱的现象称为传播衰减。

对于平面波，其声强 $I=W/S$。由于平面波的波阵面 S 为常数，所以声强 I 也是常数，即声波传播几乎无衰减。

球面波可看成是点声源向四周辐射的声波，当声源的大小与到接收者的距离 r 相比小得多时（一般为 3~5 倍），可将此声源看成点声源。很多噪声源诸如飞机、单个车辆等都可近似地看成点声源。球面波的波阵面面积与离声源的距离平方成正比，声强与距离平方成反比。如果在距离声源为 r_1 处的声强级为 L_1dB，则在距离 r_2 处的声强级就应为

$$L_2 = L_1 - 20 \lg \frac{r_2}{r_1} \tag{1-32}$$

柱面波可以看成是"线声源"向四周辐射的声波。线声源是由大量分布在直线上且十分靠近的点声源组成。常见的线声源如工厂中互相靠近的机器、传送带、公路上车辆及火车铁路噪声等。

1.3.2.2 空气的吸声

噪声的声波在传播过程中除了传播衰减外，还有因为空气对声波能量的吸收而引起的声强的减小，距离愈远，空气的声吸收也愈大。因声吸收而引起的声强随距离的指数衰减关系为（以沿 x 方向的平面波为例）

$$I = I_0 e^{-2ax} \tag{1-33}$$

其中 I_0 为 $x = 0$ 处的声强，α 为空气的吸声系数。吸声系数 α 与介质的温度和湿度有关，还与声波的频率有关。一般与频率的平方成正比。声波的频率愈高，空气的吸收也愈大；频率愈低，吸收愈小。

由上式可知，高频声波比低频声波衰减得快，当传播距离较大时其衰减值是很大的，因此高频声波是传不远的。从远距离传来的强噪声如飞机声、炮声等都是比较低沉的，这就是在长距离的传播过程中高频成分衰减得较快的缘故。

除了空气能吸收声波外，一些材料例如玻璃棉、毛毡、泡沫塑料等也会吸收声音，称为吸声材料。当声波通过这些多孔性吸声材料时，由于材料本身的内摩擦和材料小孔中的空气与孔壁间的摩擦，使声波能量受到很大的吸收并衰减，这种吸声材料能有效地吸收入射到它上面的声能。

1.3.3 声波的反射

噪声声波在传播过程中经常会遇到障碍物，这时声波将从一个媒质（空气）入射到另一媒质中去。由于这两种媒质的声学性质不同，一部分声波从障碍物表面上反射回去，而另一部分声波则透射到障碍物里面去。反射声强 I_r 与入射声强 I_0 之比称为声强反射系数 r_I。

$$r_I = \frac{I_r}{I_0} \tag{1-34}$$

透射声强 I_t 与入射声强 I_0 之比叫透射系数 t_I。

若有两种媒介互相接触，媒介的密度与其间声速的乘积即特性阻抗分别为 $\rho_1 c_1$ 与 $\rho_2 c_2$，则声波垂直入射到交界面上时声强反射系数为

$$r_I = \left(\frac{\rho_2 c_2 - \rho_1 c_1}{\rho_2 c_2 + \rho_1 c_1} \right)^2 \tag{1-35}$$

由此可知，反射系数取决于介质的特性阻抗 $\rho_1 c_1$ 与 $\rho_2 c_2$，当两种媒质特性阻抗接近时，即 $\rho_2 c_2 \approx \rho_1 c_1$，则 $r_I \approx 0$，声波没有反射而全部透射至第二种媒介。当 $\rho_2 c_2 \gg \rho_1 c_1$ 时，$r_I \approx 1$，这表示当两种媒介的特性阻抗相差很大时，声波的能量将从分界面全部反射回原媒质中去。当 $\rho_2 c_2 \ll \rho_1 c_1$ 时，$r_I \approx 1$，这表明声波几乎全部反射，但反射波与入射波的位相相反。

根据以上原理，利用介质不同的特性阻抗，可以达到减噪目的。例如，在室外测量噪声时，坚硬的地面、公路和建筑物表面都是反射面，如果在反射面上铺以吸声材料，那么反射的声能将减少。由于声波的反射特性，在室内安装的机器所发出的噪声就会从墙面、地面、天花板上及室内各种不同物体上多次反射，这种反射声的存在使噪声源在室内的声压级比在

露天中相同距离上的声压级要提高 $10\sim15$dB。为了降低室内反射声的影响，在房间的内表面覆盖一层吸声性能良好的材料，就可以大大降低反射声，从而使整个房间的噪声得到减弱，这也是经常采用的降低厂房噪声的一种方法。

1.3.4 声波的干涉

两列或数列声波同时在一媒质中传播并在某处相遇，在相遇区内任一点上的振动将是两个或数个波所引起振动的合成。一般地说，振幅、频率和位相都不同的波在某点迭加时比较复杂。但如果两个波的频率相同、振动方向相同、位相相同或位相差固定，那么这二列波迭加时在空间某些点上振动加强，而在另一些点上振动减弱或相互抵消，这种现象称为波的干涉现象。能产生干涉现象的声源称为相干声源。

声波的这种干涉现象在噪声控制技术中被来抑止噪声。

1.3.5 声波的折射

声波在传播途中遇到不同介质的分界面时，除了发生反射外，还会发生折射，声波折射时传播方向将改变，声波从声速大的介质折射入声速小的介质时，声波传播方向折向分界面的法线；反之，声波从声速小的介质折射入声速大的介质时，声波传播方向折离法线。由此可见，声波的折射是由声速决定的，即使在同一介质中如果存在着速度梯度时各处的声速不同，同样会产生折射。例如大气中白天地面温度较高，因而声速大，声速随离地面的高度而降低，反之，晚上地面温度较低，因而声速较小，声速随高度而增加。这种现象可用来解释为什么声音在晚上要比白天传播得远些。此外，当大气中各点风速不同时，噪声传播方向也会发生变化的。当声波顺风传播时声波传播方向即声线向下弯曲，当声波逆风传播时，声线向上弯曲并产生影区，这一现象可解释逆风传播的声音常常难以听清。

1.3.6 声波的绕射

当声波遇到障碍物时除了发生反射和折射外还会产生绕射现象。绕射现象与声波的频率、波长及障碍物的大小都有关系。如果声波的频率比较低、波长较长，而障碍物的大小比波长小得多，这时声波能绕过障碍物，并在障碍物的后面继续传播，图 1-6(a) 上的障碍物是一堵墙。而（b）为一小孔 p，当小孔比波长小得多时，尽管小孔很小，但声波仍可以通过小孔继续传播，这种情况为低频绕射。

如果声波的频率比较高，波长较短，而障碍物又比波长大得多，这时绕射现象不明显。在障碍物的后面声波到达得就较少，形成一个明显的"影区"，图 1-7(a) 为障碍物后面的影区，而（b）为小孔二旁出现影区。

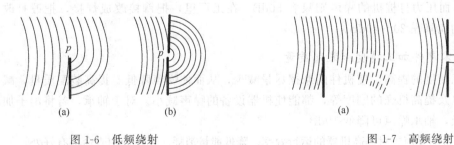

| (a) | (b) | (a) | (b) |

图 1-6　低频绕射　　　　　　　　　　　图 1-7　高频绕射

绕射现象在噪声控制中是很有用处的。隔声屏障可以用来隔住大量的高频噪声，它常被用来减弱高频噪声的影响。例如可以在辐射噪声的机器和工作人员之间，放置一道用金属板或胶合板制成的声屏障，就可减弱高频噪声。屏障的高度愈高、面积愈大效果就愈好，如果在屏障上再覆盖一层吸声材料则效果更好。

1.4 噪声控制的基本途径

通过前面对噪声的产生、传播规律的学习，可以认识到，只有当噪声源、介质、接收者三因素同时存在时，噪声才对听者形成干扰，因此控制噪声必须从这三个方面考虑，既要对其进行分别研究，又要将它作为一个系统综合考虑。控制噪声的原理，就是在噪声到达耳膜之前，采用阻尼、隔声、吸声、个人防护和建筑布局等措施，尽力降低声源的振动，或者将传播中的声能吸收掉，或者设置障碍，使声音全部或部分反射出去。

1.4.1 治理噪声源

要彻底消除噪声只有对噪声源进行控制。要从声源上根治噪声是比较困难的，而且受到各种条件和环境的限制。但是，对噪声源进行一些技术改造是切实可行的，例如，改造机械设备的结构，改进操作方法，提高零部件的加工精度、装配质量等。

1.4.1.1 应用新材料、改进机械设备的结构

改进机械设备结构、应用新材料来降噪，效果和潜力是很大的。近些年，随着材料科技的发展，各种新型材料应运而生，用一些内摩擦较大、高阻尼合金、高强度塑料生产机器零部件已变成现实。例如，在汽车生产中就经常采用高强度塑料机件。化纤厂的拉捻机噪声很高，将现有齿轮改用尼龙齿轮，可降噪 20dB。对于风机，不同形式的叶片，产生的噪声也不一样，选择最佳叶片形状，可以降低风机噪声。例如，把风机叶片由直片式改成后弯形，可降低噪声 10dB；或者将叶片的长度减小，亦可降低噪声。

对于旋转的机械设备，应尽量选用噪声小的传动方式。一般齿轮传动装置产生的噪声较大，达 90dB，如果改用斜齿轮或螺旋齿轮，啮合时重合系数大，可降低噪声 3～16dB。若改用皮带传动代替一般齿轮传动，由于皮带能起到减振阻尼作用，因此可降低噪声 16dB。对于齿轮类的传动装置，通过减小齿轮的线速度，选择合适的传动比，也能降低噪声。试验表明，若将齿轮的线速度减低一半，噪声就会降低 6dB。

1.4.1.2 改革工艺和操作方法

改革工艺和操作方法，也是从声源上降低噪声的一种途径。例如，用低噪声的焊接代替高噪声的铆接；用无声的液压代替有梭织布机。在建筑施工中，柴油打桩机在 15m 外其噪声达到 100dB，而压力打桩机的噪声则只有 50dB。在工厂里，把铆接改成焊接，把锻打改成液压加工，均能降噪 20～40dB。

1.4.1.3 提高零部件加工精度和装配质量

零部件加工精度的提高，使机件间摩擦尽量减少，从而使噪声降低。提高装配质量，减少偏心振动，以及提高机壳的刚度等，都能使机器设备的噪声减小。对于轴承，若将滚子加工精度提高一级，轴承噪声可降低 10dB。

降低机器设备的噪声，对提高机器的运行效率、降低能量消耗、延长使用寿命都有好处。

1.4.2 在噪声传播途径上降低噪声

在噪声源上治理噪声效果不理想时，需要在噪声传播的途径上采取措施。

1.4.2.1 利用闹静分开的方法降低噪声

居民住宅区、医院、学校、宾馆等需要较高的安静环境，应该与商业区、娱乐场所、工业区分开布置。在厂区内应合理地布置生产车间和办公室的位置，将噪声较大的车间集中起来，与办公室、实验室等需要安静的场所分开，噪声源尽量不露天放置。

1.4.2.2 利用地形和声源的指向性降低噪声

如果噪声源与需要安静的区域之间有山坡、深沟等地形地物时，可以利用它们的障碍作用减少噪声的干扰。同时，声源本身具有指向性，利用声源的指向性，使噪声指向空旷无人区或者对安静要求不高的区域。而医院、学校、居民住宅区等需要安静的地区应避开声源的方向，减少噪声的干扰。

1.4.2.3 利用绿化降低噪声

采用植树、植草坪等绿化手段也可减少噪声的干扰程度。试验表明，绿色植物减弱噪声的效果与林带宽度、高度、位置、配置方式及树木种类有密切关系。在城市中，林带宽度最好是6～15m，郊区为 15～20m。多条窄林带的隔声效果比只有一条宽林带好。林带的高度大致为声源至声区距离的两倍。林带的位置应尽量靠近声源，这样降噪效果更好。一般林带边缘至声源的距离 6～11m，林带应以乔木、灌木和草地相结合，形成一个连续、密集的障碍带。树种一般选择树冠矮的乔木，阔叶树的吸声效果比针叶树好，灌木丛的吸声效果更为显著。

1.4.2.4 采取声学控制手段

除了以上几种降低噪声的办法外，噪声控制还可以采用声学控制方法，这是噪声控制技术的重要内容，也是本书的重要内容，它主要包括吸声、隔声、消声、阻尼隔振等，在后面的章节中将详细介绍。

1.4.3 接受点防护

控制噪声还可以在接受点进行防护，个人防护是一种经济而又有效的措施。常用的防声用具有耳塞、防声棉、耳罩、头盔等。它们主要是利用隔声原理来阻挡噪声传入耳膜。

1.4.3.1 耳塞

耳塞是插入外耳道的护耳器，按其制作方法和使用材料可分成预模式耳塞、泡沫塑料耳塞和人耳模耳塞等三类。预模式耳塞用软塑料或软橡胶作为材质，用模具制造，具有一定的几何形状；泡沫塑料耳塞由特殊泡沫塑料制成，配戴前用手捏细，放入耳道中可自行膨胀，将耳道充满；人耳模耳塞把在常温下能固化的硅橡胶之类的物质注入外耳道，凝固后成型。良好的耳塞应具有隔声性能好、佩戴方便舒适、无毒、不影响通话、经济耐用等特点，又以隔声性和舒适性最为重要。

1.4.3.2 防声棉

防声棉是用直径 1～3μm 的超细玻璃棉经过化学方法软化处理后制成的。使用时撕下一小块用手卷成锥状，塞入耳内即可。防声棉的隔声比普通棉花效果好，且隔声值随着噪声频率的增加而提高，它对隔绝高频噪声更为有效。在强烈的高频噪声车间使用这种防声棉，对语言联系不但无妨碍，而且对语言清晰度有所提高。

1.4.3.3 耳罩和防声头盔

耳罩就是将耳廓封闭起来的护耳装置，类似于音响设备中的耳机，好的耳罩可隔声

30dB。还有一种音乐耳罩，这种耳罩既隔绝了外部强噪声对人的刺激，又能听到美妙的音乐。

防声头盔将整个头部罩起，与摩托车的头盔相似，头盔的优点是隔声量大，不但能隔绝噪声，而且也可以减弱骨传导对内耳的损伤。其缺点是体积大，不方便，尤其在夏天或者高温车间会感到闷热。

1.4.3.4 隔声岗亭

在车间和其他噪声环境中，使用隔声材料或玻璃建造一间隔声岗亭，工人在亭内工作，精密仪器安装在岗亭内，也可以有效地减少噪声的危害。

阅读材料

噪声的奇特作用

噪声为人们所厌恶。但是，随着现代科学技术的发展，人们也能利用噪声造福人类，例如噪声除草、噪声诊病等。

实验研究发现，不同的植物对不同的噪声敏感程度不一样。根据这个现象，人们制造出噪声除草器。这种噪声除草器发出的噪声能使杂草的种子提前萌发，这样就可以在作物生长之前用药物除掉杂草，用欲擒故纵的妙策，保证作物的顺利生长。

大家知道，美妙、悦耳的音乐能治病，但噪声怎么能用于诊病呢？最近，科学家制成一种激光听力诊断装置，它由光源、噪声发生器和电脑测试器三部分组成。使用时，它先由微型噪声发生器产生微弱短促的噪声，振动耳膜，然后微型电脑就会根据回声，把耳膜功能的数据显示出来，供医生诊断。它测试迅速，不会损伤耳膜，没有痛感，特别适合儿童使用。此外，还可以用噪声测温法来探测人体的病灶。

小　结

本章主要学习了噪声类型、危害，声音的产生和传播特性，噪声的物理量度和主观评价等内容。这些知识是学习噪声控制技术的理论基础，对于学习隔声、吸声、减振、消声等技术有很大的指导意义。因此，要求通过学习掌握以下内容。

- 噪声的主要物理量度，包括声压、声压级、声功率、声功率级、声强、声强级等；
- 噪声的频程与频谱；
- 噪声的主观评价量，包括计权声级、响度级、连续等效A声级等；
- 噪声的传播特性，声波的反射、折射、干涉、绕射等；
- 噪声对环境的危害；
- 噪声处理的基本途径。

思考与练习

1. 什么是声源？声音是怎么产生的？什么叫声波？什么叫声场？
2. 什么是噪声？噪声有什么危害？
3. 什么叫声音的频率和波长？
4. 什么是声压？声压级？

5. 什么是声强？声强级？

6. 什么是声功率？声功率级？

7. 什么是响度？响度级？

8. 什么叫计权声级？等效连续 A 声级？

9. 什么是噪声污染级？噪声污染级的意义是什么？

10. 什么叫自由声场？扩散声场？半自由声场？

11. 什么叫声波的反射？声波的干涉？声波的折射？声波的绕射？

12. 控制噪声的基本途径是什么？

2 隔 声

➤ **学习指南**

应用隔声构件将噪声源和接收者分开，隔离噪声在介质中的传播，从而减轻噪声污染程度的技术称为隔声技术。采用适当的隔声措施如隔声屏障、隔声罩、隔声间，一般能降低噪声级20～50dB。本章主要学习空气导声的隔声原理、隔声罩、隔声间、隔声屏的隔声性能和使用，隔声结构的设计等内容。通过学习，能根据噪声源的特点，合理选择隔声处理的方式和结构，能进行简单的设计计算。

2.1 隔声原理

当具有一定能量的噪声入射到一个壁面上时，在声波的作用下，壁面按一定方式进行振动，这部分声能称为透射声能，另外向外辐射噪声。对于大多数壁面来说，透射声能仅为入射声能的几百分之一，或者更小，而绝大部分声能被反射回去。

在噪声控制技术中，常采用透射系数 t_I 来表示壁面的隔声能力，从第一章可知，透射系数就是透射声强与入射声强的比值。透射系数一般远小于1，约在 10^{-1}～10^{-5} 之间。为了计算方便，通常采用 $10\lg\dfrac{1}{t_I}$ 来表示一个隔声构件的隔声能力，它称为隔声材料的固有隔声量或传声损失，记为 R，单位为 dB，定义为

$$R=10\lg\frac{1}{t_I} \tag{2-1}$$

t_I 越小，R 数值越大，壁面的隔声性能越好；相反，则隔声效果越差。要注意，传声损失是只与隔墙本身的物理特性有关的量，它与"隔声量"的概念是有区别的。隔声量除了与隔墙的透射损失有直接关系外，还与室内吸收大小有关。隔声量通常在实验室实测得到。

隔声量的大小与隔声构件的结构、性质和入射波的频率有关，同一构件对不同频率的声音，其隔声性能可能有很大差别，因此工程中常用125～4000Hz六个倍频程中心频率的隔声量的算术平均值来表示某一构件的隔声性能，也称为平均隔声量。另外，ISO推荐用隔声指数来评价构件的隔声性能。

应该注意，一个机器房中的噪声不仅通过壁面向相邻房间传播，还可以通过天花板、地板、孔和缝隙等途径传播。

2.1.1 单层均质壁面的隔声原理

隔声技术中，通常将板状的隔声构件称为隔墙、墙板或墙。

单层密实均质板材壁面在噪声的疏密压力波（往复拉动力）作用下，使板（壁面）产生

相似于压缩变形（纵波）和剪切变形（弯曲波）的情况，这些波传到板体的另一侧，则形成透射波。这是一种客观的物理现象，对单层密实均质板材来说，吸收声能很小，可以忽略不计，但对复合隔声结构来说，特别是夹层中间带有吸声层的结构，其吸声能力很强，不能忽略。

实践证明，单层密实均质板材壁面的隔声量与入射声波的频率有很大关系，入射频率从低到高其吸声情况可分成三个区域，即劲度与阻尼控制区、质量控制区和吻合效应区。劲度与阻尼控制区又可分为劲度控制区和阻尼控制区，阻尼控制区又叫共振区。如图 2-1 所示。

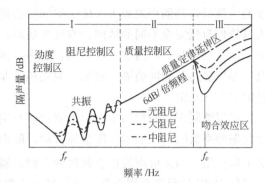

图 2-1　单层密实均质板材壁面的隔声频率特性曲线

在劲度控制区，入射频率范围从 0 到第一共振频率 f_r。在此区域，墙板壁面对声压的反应类似于弹簧，其隔声量与墙板壁面的劲度成正比。对于某一频率的声波，墙板壁面的劲度愈大，隔声量愈大。对于同一板材，随着入射频率的增加，其隔声量逐渐下降。

阻尼控制区又称板共振区，当入射的频率与墙板固有频率相同时，墙板发生共振，此时墙板振幅最大，透射声能急剧增加，隔声量曲线出现最低谷，此时的声波频率称为第一共振频率 f_r。当声波频率是共振频率的谐频时，墙板发生的谐振也会使隔声量下降，所以在共振频率之后，隔声量曲线连续又出现几个低谷，但本区内随着声波频率的增加，共振现象愈来愈弱，直至消失，所以隔声量总是呈上升趋势。阻尼控制区的宽度取决于墙板的几何尺寸、弯曲劲度、面密度、结构阻尼的大小及边界条件等，对一定的墙体，主要与其阻尼大小有关，增大阻尼可以抑制墙板的振幅，提高隔声量，并降低该区的频率上限，缩小该区频率范围。

对于一般砖石等厚重的墙，共振频率与其谐频率很低，可忽略不计。对于薄板，共振频率较高，阻尼控制区的声频率分布很宽，应予以重视。一般采用增加墙板的阻尼来控制共振现象。

在质量控制区，声波对墙板的作用如同一个力作用于一个有一定质量的物体，隔声量随入射声波的频率直线上升，其斜率为 6dB/倍频程。在声波频率一定时，墙板的面密度愈大，即质量愈大，墙板受声波激发产生的振动愈小，隔声量愈高。

在吻合效应区，随着入射声波频率的升高，隔声量反而下降，曲线上出现一个深深的低谷，这是由于出现了吻合效应的缘故。

吻合效应，就是当某一频率的声波以某一角度 θ 入射到墙体上时，使墙体发生弯曲振动，如果声波的波长 λ 与墙体的固有弯曲波长 λ_B 发生吻合，恰好满足关系 $\lambda_B = \lambda/\sin\theta$，这时声波将激发墙体固有振动，墙体向另一侧辐射出大量的声能，墙体的隔声能力大大下降，这种现象叫吻合效应。能产生吻合效应的最低入射频率称为"临界吻合频率"，简称"临界频率"，常记为 f_c，f_c 的大小与构件本身固有性质有关。

增加板的厚度和阻尼，可使隔声量下降趋势得到减缓。越过低谷后，隔声量以每倍频程 10dB 趋势上升，然后逐渐接近质量控制的隔声量。

2.1.2 双层隔声墙的隔声原理

由二层均质墙与中间所夹一定厚度空气层所组成的结构称为双层隔声墙或双层隔声结

构。为提高墙板的隔声量，用增加单层墙体的面密度、或增加厚度、或增加自重的方法，虽然能起到一定的隔声作用，但作用不明显，而且浪费材料。如果在二层墙体之间夹以一定厚度的空气层，其隔声效果大大优于单层实心结构。双层隔声结构的隔声机理是，当声波依次透过特性阻抗完全不同的墙体、空气介质时，造成声波的多次反射，发生声波的衰减，并且由于空气层的弹性和附加吸收作用，使振动能量大大衰减。比较以上二种隔声结构的使用情况，如果要达到相同的隔声效果，双层隔声墙体比单层实心墙体重量减少 2/3~3/4，隔声量增加 5~10dB。

双层墙隔声结构相当于一个由双层墙与空气层组成的振动系统。当入射声波频率比双层墙共振频率低时，双层墙将作整体振动，隔声能力与同样重量的单层墙差不多，即此时空气层不起作用。当入射声波达至共振频率时，隔声量出现低谷，超过 $\sqrt{2} f_0$ 后，隔声曲线以每倍频程 18dB 的斜率急剧上升，充分显示出双层墙隔声结构的优越性。

2.2　隔声装置

2.2.1　隔声罩

隔声罩是降制机器噪声较好的装置。将噪声源封闭在一个相对小的空间内，以降低噪声源向周围环境辐射噪声的罩形结构称为隔声罩。其基本结构如图 2-2 所示。罩壁由罩板、阻尼涂层和吸声层组成。根据噪声源设备的操作、安装、维修、冷却、通风等具体要求，可采用适当的隔声罩型式。常用的隔声罩有活动密封型、固定密封型、局部开敞型等结构型式。图 2-3 是带有进排风消声通道的隔声罩。

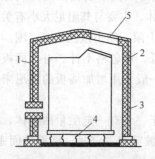
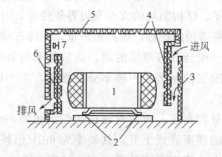

图 2-2　隔声罩基本构造
1—钢板；2—吸声材料；3—护面穿孔板；
4—减振器；5—观测窗

图 2-3　带有进排风消声通道的隔声罩构造
1—机器；2—减振器；3,6—消声通道；
4—吸声材料；5—隔声板壁；7—排风机

隔声罩常用于车间内如风机、空压机、柴油机、鼓风机、球磨机等强噪声机械设备的降噪。其降噪量一般有 10~40dB 之间。

各种形式隔声罩 A 声级降噪量是：固定密封型为 30~40dB；活动密封型为 15~30dB；局部开敞型为 10~20dB；带有通风散热消声器的隔声罩为 15~25dB。

2.2.1.1　选择或制作隔声罩应注意的事项

(1) 隔声罩应选择适当的材料和形状。罩面必须选择有足够隔声能力的材料制作，如钢板、砖、混凝土、木板或塑料等。罩面形状宜选择曲面形体，其刚度较大，利于隔声，尽量避免方形平行罩壁。隔声罩与设备要保持一定距离，一般为设备所占空间的 1/3 以上，内部壁面与设备之间的距离不得小于100mm。罩壁宜轻薄，宜选用分层复合结构。

（2）采用钢板或铝板制作的罩壳，须在壁面上加筋，涂贴一定厚度的阻尼材料以抑制共振和吻合效应的影响，阻尼材料层厚度通常为罩壁的2～3倍。阻尼材料常用内损耗、内摩擦大的黏弹性材料，如沥青、石棉漆等。

（3）隔声罩内的所有焊缝应避免漏声，隔声罩与地面的接触部分应密封。机器与隔声罩之间，以及它们与地面或机座之间应有适当的减振措施。

（4）隔声罩内表面须进行吸声处理，需衬贴多孔或纤维状吸声材料层，平均吸声系数不能太小。

（5）隔声罩的设计必须与生产工艺相配合，便于操作、安装、检修，也可做成可拆卸的拼装结构。同时要考虑声源设备的通风、散热等要求。

2.2.1.2 隔声罩的隔声量

由于声源被密封在隔声罩内，声源发出的噪声在罩内多次反射，大大增加了罩内的声能密度，因此隔声罩的实际隔声量比罩体本身的隔声能力下降。隔声罩的实际隔声量计算式为

$$R_S = \frac{R}{10\lg\overline{\alpha}} \tag{2-2}$$

式中　R_S——隔声罩实际隔声量，dB；

　　　R——隔声材料本身的固有隔声量或传声损失，dB；

　　　$\overline{\alpha}$——罩内表面平均吸声系数。

各种常用构件的隔声量见表2-1。

表 2-1　常用构件的隔声量

构 件 名 称	面密度 /(kg/m²)	实测倍频程隔声量/dB						测定 $\overline{R}$/dB	计算 $\overline{R}$/dB
		125	250	500	1000	2000	4000		
$\frac{1}{4}$砖墙,双面粉刷	118	41	41	45	40	40	47	43	40
$\frac{1}{2}$砖墙,双面粉刷	225	33	37	38	40	52	53	45	44
$\frac{1}{2}$砖墙,双面木筋板条加粉刷	280	—	52	47	57	54	—	50	46
1 砖墙,双面粉刷	457	44	44	45	53	57	56	49	49
1 砖墙,双面粉刷	530	42	45	59	57	64	62	53	50
1 砖墙,双面勾缝	444	37	43	53	63	73	83	58	49
双层一砖墙,两层墙间留 150mm 空气层	800	50	51	58	71	78	80	64	76
100mm 厚空心砖墙,双面粉刷	183	19	22	29	35	44	44	31	43
150mm 厚空心砖墙,双面粉刷	197	23	33	30	38	42	42	34	43
1 砖空心墙,双面粉刷	374	21	22	31	33	42	46	31	47
空心石膏板 76mm 厚,双面粉刷	95	34	35	36	41	47	—	34	39
100mm 厚矿渣砖砌块,双面粉刷	217	18	23	29	40	45	44	31	44
100mm 厚木筋板条墙,双面粉刷	70	17	22	35	44	49	48	35	37
150mm 厚加气混凝土砌块墙,双面粉刷	175	28	36	39	46	54	55	43	42
4mm 厚双层密闭玻璃窗留 120mm 空气层	20	20	17	22	35	41	38	29	29
45mm 厚双面三夹板门	10	13	15	15	20	21	24	17	24

2.2.1.3 隔声罩的插入损失

隔声罩内壁进行吸声处理后,对其隔声量有很大影响。隔声罩的降噪效果通常用插入损失表示,其定义为隔声罩在设置前后,罩外同一接收点的声压级之差,单位分贝(dB),记作 IL。

$$IL = 10\lg\left(1 + \frac{\bar{\alpha}}{\bar{t}_I}\right) \tag{2-3}$$

式中　$\bar{t}_I$——罩壁的平均透射系数;

　　　$\bar{\alpha}$——罩内表面平均吸声系数。

若罩内不作吸声处理, 即 $\bar{\alpha}$ 近似为零, 则 IL 也接近于零, 隔声罩的隔声作用很小, 所以罩内必须做吸声处理, 一般 $\bar{\alpha}$ 在 0.5 以上。在实际工作中, 远大于罩壁的平均透射系数, 则上式可简化为

$$IL = \bar{R} + 10\lg\bar{\alpha} \tag{2-4}$$

为罩板隔声材料本身的平均固有隔声量。

可见, 隔声罩的插入损失最大不能超过罩板的平均固有隔声量, 在选材时必须充分注意。实际应用时有如下经验公式。

罩内无吸收时:　　　　　　$IL = \bar{R} - 20$ 　　　　　　 (2-5)

罩内略有吸收时:　　　　　　$IL = \bar{R} - 15$ 　　　　　　 (2-6)

罩内有强吸收时:　　　　　　$IL = \bar{R} - 10$ 　　　　　　 (2-7)

2.2.2 隔声间

如果生产实际情况不允许对声源作单独隔声罩, 又不允许操作人员长时间停留在设备附近的现场, 这时可采用隔声间。所谓隔声间就是在噪声环境中建造一个具有良好隔声性能的小房间, 以供操作人员进行生产控制、监督、观察、休息之用, 或者将多个强声源置于上述小房间中, 以保护周围环境, 这种由不同隔声构件组成的具有良好隔声性能的房间称为隔声间。如图 2-4 所示。

隔声间分封闭式和半封闭式两种, 一般多采用封闭式结构。材料可用金属板材制作, 也可用土木结构建造, 并选用固有隔声量较大的材料建造。隔声间除需要有良好隔声性能的墙体外, 还需设置门、窗或观察孔。通常门窗为轻型结构, 一般采用轻质双层或多层复合隔声板制成, 故称隔声门、隔声窗, 隔声门隔声量约为 $30\sim40\text{dB}$。具有门、窗等不同隔声构件的墙体称为组合墙。

2.2.2.1 建造隔声间应注意的事项

(1) 生产工厂的中心控制室、操作室等, 宜采用以砖、混凝土及其他隔声材料为主的高性能隔声间。必要时, 墙体和屋顶可采用双层结构, 以利于隔声。

(2) 隔声间的门窗, 根据具体情况可采用带双道隔声门的门斗及多层隔声窗, 门缝、窗缝、孔洞要进行必要的缝隙隔声处理。由于声波的衍射作用, 孔洞和缝隙会大大降低组合墙的隔声量。门窗

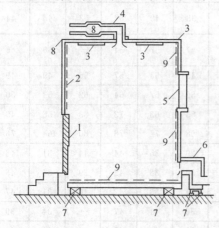

图 2-4　隔声间示意图

1—入口隔声门; 2—隔声墙; 3—照明器;
4—排气管道(内衬吸声材料)和风扇; 5—双层窗;
6—吸声管道(内衬吸声材料); 7—隔振底座;
8—接头的缝隙处理; 9—内部吸声处理

的缝隙、各种管道的孔洞、隔声罩焊缝不严的地方等都是透声较多之处，直接影响墙体的隔声量。虽然低频噪声声波长，透过孔隙的声能要比高频声小些，但在一般计算中，透声系数均可取为 1。因此为了不降低墙的隔声量，必须对墙上的孔洞和缝隙进行密封处理。

（3）门、窗的隔声能力取决于本身的面密度、构造和碰头缝密封程度。隔声窗应多采用双层或多层玻璃制作，两层玻璃宜不平行布置，朝声源一侧的玻璃有一定倾角，以便减弱共振效应，并需选用不同厚度的玻璃以便错开吻合效应的影响。常见的一些门和窗的隔声特性见表 2-2、表 2-3。

表 2-2　门的隔声特性

结　　构	厚度/mm	倍频带中心频率/Hz					
		125	250	500	1000	2000	4000
带橡皮密封条的普通嵌板门	—	18	19	23	30	33	32
双层门：两面 4mm 厚胶合板，中间 40mm 空气层 带橡皮密封条	48	27	27	32	35	34	35
不带橡皮密封条	48	22	23	24	24	24	23
复合多层门：2mm 钢板＋43mm 吸声材料，＋2mm 钢板＋20mm 吸声材料＋3mm 钢板	70	38	34	44	46	50	55

表 2-3　窗的隔声特性

结　　构	厚度/mm	倍频带中心频率/Hz					
		125	250	500	1000	2000	4000
单层玻璃砖	7	22	27	29	34	35	36
双层窗：玻璃厚 4mm，中间空气层厚度/mm							
16	24	16	26	28	37	41	41
100	108	21	33	39	47	50	51
200	208	28	36	41	48	54	53
400	408	34	40	44	50	52	54
双层窗：玻璃厚 7mm，中间空气层厚度/mm							
100	114	29	37	41	50	45	54
200	214	32	39	43	48	46	58
400	414	38	42	46	51	48	58
双层窗：玻璃厚 3mm，中间空气层厚度 170mm，不带橡皮密封条	176	21	26	28	34	26	27
同上，但带橡皮密封条	176	33	33	36	38	38	38
高隔声观察窗		49	63	71	66	73	77
		46	67	72	75	69	71

（4）为了防止孔洞和缝隙透声，在保证门窗开启方便前提下，门与门框的碰头缝处可选用柔软富有弹性的材料如软橡皮、海绵乳胶、泡沫塑料、毛毡等进行密封。在土建工程中注意砖墙灰缝的饱满，混凝土墙的砂浆的捣实。

（5）隔声间的通风换气口应设置消声装置；隔声间的各种管线通过墙体需打孔时，应在孔洞处加一套管，并在管道周围用柔软材料包扎严密。

2.2.2.2　组合墙平均隔声量

因为门和窗的隔声量常比墙体本身的隔量小，因此，组合墙的隔声量往往比单纯墙低。组合墙的透声系数为各部件的透声系数的平均值，称作平均透声系数，由下式得出

$$t_I = \frac{\sum\limits_{i=1}^{n} t_i S_i}{\sum\limits_{i=1}^{n} S_i} \qquad\qquad (2\text{-}8)$$

式中　t_i——墙体第 i 种构件的透声系数；

　　　S_i——墙体第 i 种构件的面积，m^2。

组合墙的平均隔声量为

$$\overline{R} = 10\lg\frac{1}{t_i} \qquad\qquad (2\text{-}9)$$

2.2.2.3　隔声间内噪声级计算

隔声间内的噪声级不仅与围蔽结构各壁面的隔声性能有关，还与室外噪声级、各个构件相应的透声面积以及隔声间内的总吸声量有关。

透入室内的噪声级 L_P 可用下式计算。

$$L_P = 10\lg\sum_{i=1}^{n} S_i \times 10^{L_i - R_i/10} - 10\lg\sum S_i a_i \qquad\qquad (2\text{-}10)$$

式中　S_i——隔声室某一壁面的透声面积，m^2；

　　　L_i——对应于 S_i 外壁空间某频率的噪声级，dB；

　　　R_i——壁面 S_i 对某频率的隔声量，dB；

$\sum S_i a_i$——隔声室内某频率的总吸声量，（赛宾·m^2）。

2.2.2.4　隔声间的实际隔声量

隔声间的实际隔声量可由下式计算

$$R_S = R_A + 10\lg\frac{A}{S_1} \qquad\qquad (2\text{-}11)$$

式中　R_S——隔声间的实际隔声量，dB；

　　　R_A——各构件的平均隔声量，dB；

　　　A——隔声间内总吸声量，m^2；

　　　S_1——隔声间的透声面积，m^2。

一般来说，透声面积越大，则传递过去的声能越多；隔声间吸声量越大，越有利于降低噪声。隔声间的实际隔声量，对于隔声间设计有很重要的作用。

2.2.3　隔声屏

用来阻挡噪声源与接收者之间直达声的障板或帘幕称为隔声屏（帘）。

一般对于人员多、强噪声源比较分散的大车间，在某些情况下，由于操作、维护、散热或厂房内有吊车作业等原因，不宜采用全封闭性的隔声措施，或者对隔声要求不高的情况下，可根据需要设置隔声屏。此外，采用隔声屏障减少交通车辆噪声干扰，已有不少应用，一般沿道路设置 5～6m 高的隔声屏，可达 10～20dB（A）的减噪效果。

设置隔声屏的方法简单、经济、便于拆装移动，在噪声控制工程中广泛应用。

隔声屏障的种类一般用各种板材制成并在一面或两面衬有吸声材料的隔声屏，有用砖石砌成的隔声墙，有用 1～3 层密实幕布围成的隔声幕，还有利用建筑物作屏障的。

隔声屏对高频噪声有较显著的隔声能力，因为高频噪声波长短，绕射能力差，而低频噪声波长长，绕射能力强。

2.2.3.1 设置隔声屏应注意的事项

（1）隔声屏常用的建筑材料如砖、木板、钢板、塑料板、石膏板、平板玻璃等，都可以直接用来制作声屏障，或是作为其中的隔声层。在结构上，可以做成基础固定的单层实体，也可以做成装配活络的双层或多层复合结构。结合采用不同材料的表面吸声处理，布置时，可以是一端连墙或二端连墙的直立式，也可以是曲折状的二边形、多边形屏障。可按照工厂车间的具体情况，因地制宜进行设计。隔声屏基本形式见图 2-5。

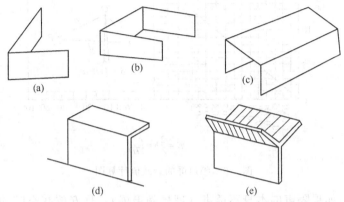

图 2-5 隔声屏基本形式
(a) 二边形屏障；(b) 三边形屏障；(c) 管道式屏障；
(d) r 形屏幕障；(e) 遮檐式屏障

（2）隔声屏的骨架可用 1.5～2.0mm 厚的薄钢板制作，沿周铆上型钢，以增加隔屏的刚度，同时也作为固定吸声结构的支座，吸声结构可用 50mm 厚的超细玻璃棉加一层玻璃布与一层穿孔板（穿孔率在 25% 以上）或窗纱、拉板网等构成。

（3）在隔声屏的一侧或两侧衬贴的吸声材料，使用时应将布置有吸声材料的一面朝向声源。

（4）隔声屏应有足够的高度，有效高度越高，减噪效果越好。隔声屏的宽度也是影响其减噪效果的重要参量，通常取宽度大于高度，一般来说宽度为高度的 1.5～2 倍。

（5）在放置隔声屏时，应尽量使之靠近噪声源处。活动隔声屏与地面的接缝应减到最小。多块隔声屏并排使用时，应尽量减少各块之间接头处的缝隙。

2.2.3.2 隔声屏降噪量的计算

（1）算图法　若有一点声源 S，接收点为 P，二点之间有一隔声屏，则隔声屏障的降噪量，可用图 2-6 隔声屏衰减值计算图来计算。

该图的横坐标为菲涅耳数 $N=\dfrac{2}{\lambda}\delta$（$\lambda$ 为声波波长，Hz），它是描述声波在传播中绕射性能的一个量，它是由路径差及声波频率（或波长）来确定。

$$\delta=A+B-d \qquad (2-12)$$

式中　δ——为声波绕射路径差，m；

　　　　A——声源到屏顶的距离，m；

　　　　B——接收者到屏顶的距离，m；

d——声源与接收者之间的直线距离，m。

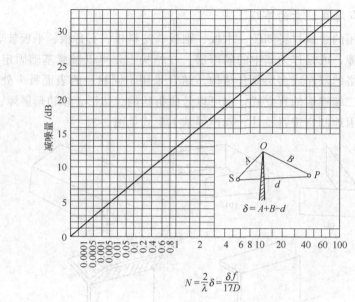

$$N=\frac{2}{\lambda}\delta=\frac{\delta f}{17D}$$

图 2-6　隔声屏的衰减值计算图

（2）计算法　如果隔声屏本身不透声（理想隔声屏），且安放在空旷的自由声场中，屏无限长，则接收点 R 处的声压级降低量即降噪量（插入损失）为

$$IL=10\lg N+13\ \text{（dB）} \tag{2-13}$$

其中

$$N=\frac{2}{\lambda}\delta=\frac{2(A+B-d)}{\lambda} \tag{2-14}$$

*2.3　隔声设计

隔声结构的选择和设计，应根据噪声源的强度、特征、数量，生产特点，操作人员的安全，设备维修、安装条件以及现场具体环境条件和经济比较等多方面因素，选择适当的隔声结构。

*2.3.1　单层结构的隔声设计

单层均质墙在质量控制区的声波固有隔声量（传声损失），可按下式计算

$$R=10\lg\left[1+\left(\frac{2\pi fm\cos\theta}{2\rho c}\right)^2\right] \tag{2-15}$$

式中　m——墙体面密度，kg/m^2；

　　　f——声波频率，Hz；

　　　ρ——空气密度，kg/m^3；

　　　c——空气中声速，m/s；

　　　θ——声波入射到隔声墙面的入射角度。

对于砖、钢、木、玻璃等常用墙体材料，当声波垂直入射到墙面时，即入射角 $\theta=0$，此时 $\frac{2\pi fm}{2\rho c}\gg1$，因此可得垂直入射固有隔声量 R_h 计算式

$$R_h = 10\lg\left(\frac{2\pi fm}{2\rho c}\right)^2 \tag{2-16}$$

或

$$R_h = 20\lg m + 20\lg f - 43 \tag{2-17}$$

在无规入射条件下，不考虑边界的影响，经过对大量实验数据的分析和处理，总结出以下经验公式

$$R = 18\lg m + 12\lg f - 25 \tag{2-18}$$

显然，传声损失同隔声结构面密度与声波的频率有关。选用单层隔声构件，应防止吻合效应对隔声量降低的影响。具体的隔声量可用上述公式进行估算，也可以按标准的隔声测量方法直接进行测量。实验表明，用公式计算与实测结果误差很小，一般在 1~5dB 范围内。各种常用构件的隔声量的计算值与实测值见表 2-1。

若采用平均固有隔声量 $\overline{R}$ 表示墙体的隔声性能时，在频率 100~3200Hz 范围内，可采用下面的经验式进行计算

$$\overline{R} = 13.5\lg m + 14 \qquad (m \leqslant 200\text{kg/m}^2) \tag{2-19}$$

$$\overline{R} = 16\lg m + 8 \qquad (m > 200\text{kg/m}^2) \tag{2-20}$$

*2.3.2 双层结构的隔声设计

双层结构的隔声量受其共振频率的影响较大。其共振频率 f_r 可用下式计算。

$$f_r = \frac{1}{2\pi}\sqrt{\frac{2\rho c^2}{(m_1 + m_2)D}} \tag{2-21}$$

式中　ρ——空气密度，kg/m³；

c——空气中声速，m/s；

D——空气层厚度，cm；

m_1，m_2——各层结构的面密度，kg/m²。

只有入射声波的频率大于 $\sqrt{2}f_r$ 时，双层结构的隔声性能才显示出它的优越性。一般来说，并振频率低于 30~50Hz 为较适合。空气层的厚度不宜小于 50mm。

在双层隔声结构中间的空气层中可悬挂和填充多孔吸声材料，如超细玻璃棉、矿渣棉等，其平均隔声量可按增加 5~10dB 进行估算，这对改善隔声性能是有利的。

双层结构中应尽量避免有刚性连接。最好包括基础、地面、顶棚等在内部做成完全分离式结构，有利于保持隔声性能。

双层隔声结构若采用不同材料时，在设计中应将轻质一面对高噪声源一边，以便降低重质层的声辐射，提高其隔声效果。双层结构的各层可采用不同厚度、不同刚度，以便提高隔声性能。

*2.3.3 多层复合结构的隔声设计

多层复合板隔声结构是利用声波在不同介质分界面上产生反射的原理，采用分层材料交替排列构成。多层复合板要求各层材料应软硬相隔，同时利用夹入层间的疏松柔软层，或柔软层中夹入金属板之类的坚硬材料，来减弱板的共振和在吻合频率区域声能的辐射。它广泛应用在隔声门或轻质隔声墙的设计中。其设计要点如下。

① 多层复合板的层次不必过多，一般 3~5 层即可，在构造合理的条件下，相邻层间材料尽量做成软硬结合形式较好。

② 提高薄板的阻尼有助于改善隔声量。如在薄钢板上粘贴沥青玻璃纤维板等阻尼材料，

对削弱共振频率和吻合效应有显著作用。

③ 由于多孔材料本身的隔声能力较差，所以在它的表面抹一层不透气的粉刷或粘一层轻薄的材料时，可提高它的隔声性能。

④ 隔声门窗的选用与设计。门窗隔声设计关键在于缝隙的密封处理。一般来说门窗扇与门窗框之间的缝隙可采用各种铲口形式的接缝，以及在接缝里衬垫弹性多孔材料如矿棉、玻璃棉、橡皮、毛毡、毛绒、塑料等，以减少缝隙的声传递，并采用加压关闭的措施来改善缝隙的密封程度，提高隔声能力。

门扇结构宜选用填充多孔材料的夹层结构，其面密度一般控制在 $30\sim60\mathrm{kg/m^2}$ 以内。当门缝内不宜作较复杂的接缝以及设置衬垫时，可利用门厅、走廊、前厅等作为"声闸"，以提高隔声能力。隔声窗的层数，通常可选用单层或双层。需要隔声量超过 25dB 要求时，可根据情况选用双层固定密封窗，并在两层间的边框上敷设吸声材料，在特殊情况下，可采用三层或多层。

⑤ 一些特殊要求的建筑，如广播音室、医院耳科测听室、研究所精密试验室等，往往需要设计特殊的隔声门，宜采用"声闸"方式设置双层门或多层门，在结构上可采用有阻尼的双层金属板或多层复合板形式，声闸的内壁面应具有较高的吸声性能。

⑥ 采用多层窗时，各层玻璃要求选用不同的厚度（5～10mm），厚的朝向声源一侧，以改善吻合效应的影响。各层玻璃之间四周要衬贴密封及吸声材料，并应避免双层墙间的刚性连接，要防止层间的串声、漏声。在多层玻璃的隔声窗，在安装时各层玻璃最好不要互相平行，以免引起共振。朝声源的一层玻璃可做成倾角（85°左右），使中间的空气层上下不一致，以利于消除低频共振。

*2.3.4 隔声设计的程序

2.3.4.1 设计程序

① 由声源特性估算受声点的各倍频带声压级；
② 确定受声点各倍频带的允许声压级；
③ 计算各倍频带的需要隔声量；
④ 选择适当的隔声结构与构件。

2.3.4.2 室内各倍频带的声压级计算方法

估算受声点各倍频带的声压级，应首先查找、估算或测量声源 125～4000Hz 六个倍频带的声功率级，然后根据声源特性和声学环境，按下式进行计算。

$$L_p = L_W + 10\lg\left(\frac{Q}{4\pi r^2} + \frac{4}{R_r}\right) \tag{2-22}$$

式中　L_W——声源各倍频带声功率级，dB；

　　　L_p——受声点各倍频带声压级，dB；

　　　Q——声源指向性因子；

　　　　　当声源位于室内空间、自由声场时，$Q=1$；

　　　　　当声源位于室内地面、半自由声场时，$Q=2$；

　　　　　当声源位于地面与墙面交界处，$Q=4$；

　　　　　当声源位于室内某一角落时，$Q=8$；

　　　r——声源至受声点的距离，m；

R_r——房间常数，m^2。

房间常数 R_r 应按下式计算。

$$R_r = \frac{S\bar{\alpha}}{1-\bar{\alpha}} = \frac{A}{1-\bar{\alpha}} \qquad (2\text{-}23)$$

式中　S——房间内总表面，m^2；

　　　$\bar{\alpha}$——房间内各倍频带的平均吸声系数；

　　　A——房间内各倍频带的总吸声量，m^2。

对于多声源情况，可分别求出各声源在受声点产生的声压级，然后按声压级的合成法则计算受声点各倍频带的声压级。

各倍频带需要隔声量的计算如下。

$$R = L_p - L_{pa} + 5 \qquad (2\text{-}24)$$

式中　R——各倍频带的需要隔声量，dB；

　　L_p——受声点各倍频带的声压级，dB；

　　L_{pa}——受声点各倍频带的允许声压级，dB。

各倍频带的插入损失，应满足需要隔声量，其值可按下式计算。

$$IL = R_o + 10\lg\frac{R_r}{S} \qquad (2\text{-}25)$$

式中　IL——各倍频带的插入损失，dB；

　　R_o——隔声构件各频带的固有隔声量，dB；

　　S——隔声构件的透声面积，m^2；

　　R_r——房间常数，m^2。

阅读材料

国内外高速公路降噪技术的发展

随着可持续发展的观念逐步渗入国民经济的各个部门，道路交通噪声的危害越来越引起各界人士的重视。

交通噪声会对人们身体健康造成损害，干扰居民、学校和企事业单位正常的工作和生活秩序，降低人们的生活质量。目前生活在高速公路两侧的人越来越多，据初步计算，我国有3390万人受到公路交通噪声影响，其中2700万人生活在高于70dB的噪声严重污染的环境中。交通噪声还会影响到公路沿线的经济发展。

1. 控制交通噪声的主要措施

道路交通带来的环境问题的处理要求是综合性的，纵观世界各国，为解决道路交通带来的环境问题，目前采取的主要措施有以下几种。

(1) 设置声屏障以及在道路两侧设置绿化带降低噪声

广义来讲，声屏障可以分为声障墙和防噪堤，防噪堤一般用于路堑或有挖方地区，公路的土方不必运走直接用作防噪堤，在土堤上种上植被形成景观，但我国华东地区高速公路多采取高路堤，不适合此类方式。声屏障的另一种方式为声障墙，这又可分为吸声式和反射式两种，吸声式主要采用多孔吸声材料来降低噪音，陕西西三（西安-三原）一级公路，贵州贵黄（贵州-黄果树）一级汽车专用公路均有试验研究，据测试，降噪效果达10dB（A）；反射式声障墙主要是对噪声声波的传播进行漫反射，降低保护区域噪声。声屏障的优点是节约土地，降噪比较明显。由于可采用拼装式，故有可拆换的优点。局限是：声屏障使行车有压抑及单调的感觉，造价较高，如使用透明材料，又易发生炫目和反光现象，同时还需要经常清洗。

一些发达国家 20 世纪 60 年代就开始研究公路声屏障技术，到七八十年代已在声屏障的设计和施工方面进行了深入研究和大量实践，积累了丰富的经验。在 1983 年统计资料显示日本城市中高速公路声屏障设置率高达 80%。到 1986 年美国已修建公路声屏障约 720km，投入约 3 亿美元，还设计了"公路声屏障专家设计优化系统"，进一步提高了公路声屏障的设计水平。德国早在 1974 年就颁布污染防治法，要求在公路选线时，极力避免对周围环境产生有害影响。如找不到更有利的公路路线，则要修建声屏障，将公路与住宅区隔开。在 1987 年，其修建的公路声屏障总长度已多达 500km 以上。我国在城市内（包括上海）的高架道路上设置声屏障已经较普遍，这些技术可供借鉴。

（2）修建低噪声路面，减小轮胎与路面接触噪声

对于中小型汽车，随着行驶速度的提高，轮胎噪声在汽车产生的噪声中的比例越来越大，一般说来，当车速超过 50km/h 时，轮胎与路面接触产生的噪声，就成为交通噪声的主要组成部分。

因此，直接修建低噪声路面就很有意义。所谓低噪声路面，也称多孔隙沥青路面，又称为透水（或排水）沥青路面。它是在普通的沥青路面或水泥混凝土路面或其他路面结构层上铺筑一层具有很高孔隙率的沥青稳定碎石混合料，其孔隙率通常在 15%～25%，有的甚至高达 30%。根据表面层厚度、使用时间、使用条件及养护状况的不同，与普通的沥青混凝土路面相比，此种路面可降低道路噪声 3～8dB（A）。

此外，减少或消灭噪声源的措施，还应包括改进汽车的设计、减少或限制载重汽车进入噪声控制区域、禁鸣喇叭等。在我国，提高大功率发动机工作性能，改进汽车的整体设计，降低工作噪声，这一系列问题正在越来越受到政府和汽车生产厂的重视。

2. 国外公路声屏障技术的发展趋势

（1）注重公路声屏障与景观协调设计

许多国家在声屏障建造中，除要求满足声学要求外还特别注重屏障的造型与色彩设计。还可以因地制宜建造透明声屏障。目前在许多国家已有各式各样新颖美观的声屏障屹立于公路两侧，深受各方人士欢迎。

（2）多用低成本材料建造公路声屏障

公路声屏障从构成材质上可分为：土堤、木质、钢筋混凝土、金属、吸声材料的混合物等几类。对一般公路而言，许多国家从投资少及易维护方面考虑多用普通混凝土和轻质混凝土建造吸声和不吸声式声屏障。

（3）提倡在声屏障内、前与后面种植各类植物

在可能的情况下，将声屏障设计成可栽种花草的形式，使声屏障四季常青，既减少噪声污染又可以美化环境。

（4）建设降噪绿化林带也是一种常用的降噪方法，选择合适的树种、植林的密度、植被的宽度，可以达到吸收二氧化硫及有害气体、吸附微尘的作用，能改善小气候，防止空气污染，同时又能吸纳声波降低噪声，截留公路排水、防眩和美化环境等作用。据资料介绍，绿化林带宽度大于 10m，可降低噪声 4～5dB（A）。

小 结

本章主要学习了隔声技术的原理（包括单层均质壁面和双层墙面的隔声原理）、隔声罩、隔声间和隔声屏的结构和降噪特点以及隔声降噪量的计算。通过学习，要求重点掌握以下内容。

- 隔声技术的基本概念，包括隔声原理、共振频率、吻合效应等；
- 各种隔声结构的特点和选择原则；
- 各种隔声结构的隔声量计算方法。

隔声技术是一种有效的、被广泛应用的降噪技术，在工业生产、交通运输、文化教育等领域的噪声处理中占有重要地位。在学习过程中，要理论联系实际，注意观察周围的实际例子，加深对基本概念的理解。

思考与练习

1. 单层均质壁面和双层墙面的隔声原理是什么？
2. 隔声罩、隔声间和隔声屏的基本结构如何？各有什么特点？
3. 选择或制作隔声罩应注意什么？
4. 建造隔声间、设置隔声屏应注意哪些事项？
5. 什么叫插入损失？
6. 什么叫传声损失？
7. 隔声设计的基本程序是什么？

3. 吸声

在实际生活中，同样的噪声源所发出的噪声，在室内感受到的响度远比在室外感到的响度要大，这说明人们在室内所接收到的噪声除了有通过空气直接传来的直达声外，还包括室内各壁面多次反射回来的反射声（混响声）。实验表明，由于反射声的缘故，可以使室内噪声提高 10～12dB。所以，必须采取吸声处理的措施降低混响声。本章主要学习和讨论吸声降噪的原理、吸声材料的种类特性、吸声结构的设计计算等内容。

3.1 吸声原理

声波在传播过程中遇到各种固体材料时，一部分声能被反射，一部分声能进入到材料内部被吸收，还有很少一部分声能透射到另一侧。通常将入射声能 E_i 和反射声能 E_r 的差值与入射声 E_i 之比值称为吸声系数，记为 α，即

$$\alpha = \frac{E_i - E_r}{E_i} \tag{3-1}$$

吸声系数 α 的取值在 0～1 之间。当 $\alpha = 0$ 时，表示声能全部反射，材料不吸声；$\alpha = 1$ 时表示材料吸收全部声能，没有反射。吸声系数 α 的值愈大，表明材料（或结构）的吸声性能愈好。一般地，α 在 0.2 以上的材料被称为吸声材料，α 在 0.5 以上的材料就是理想的吸声材料。

吸声系数 α 的值与入射声波的频率有关，同一材料对不同频率的声波，其吸声系数有不同的值。在工程中常采用 125Hz，250Hz，500Hz，1000Hz，2000Hz，4000Hz 六个倍频程的中心频率的吸声系数的算术平均值来表示某一材料（或结构）的平均吸声系数。

由于入射角度对吸声系数有较大的影响，因此，规定了三种不同的吸声系数。即：垂直入射吸声系数（驻波管法吸声系数），用 α_0 表示，它多用于材料性质的鉴定与研究；斜入射吸声系数（应用不多）；无规入射系数 α_T（混响法吸声系数）。

在吸声降噪过程中，常采用多孔吸声材料、板状共振吸声结构、穿孔板共振吸声结构和微穿孔板共振吸声结构等技术来实现减噪目的。虽然这些技术方法都能达到不同程度的减噪目标，并且各有特点，但其吸声原理有的是不相同的。

3.1.1 多孔吸声材料的吸声原理

多孔材料一直是主要的吸声材料。有玻璃棉、矿渣棉、无机纤维、合成高分子材料等。在这些材料中，气泡的状态有两种：一种是大部分气泡成为单个闭合的孤立气泡，没有通气性能；另一种气泡相互连接成为连续气泡。噪声控制中所用的吸声材料，是指有连续气泡的材料。

多孔吸声材料的结构特征是在材料中具有许许多多贯通的微小间隙，因而具有一定的通气性。吸声材料的固体部分，在空间组成骨架（筋络），保持材料的形状。在筋络间有大量的空隙，筋络的作用就是把较大的空隙分隔成许多微小的通路。当声波入射到多孔材料表面时，可以进入细孔中去，引起孔隙内的空气和材料本身振动，空气的摩擦和黏滞作用使振动动能（声能）不断转化为热能，从而使声波衰减，消耗一部分声能，即使有一部分声能透过材料到达壁面，也会在反射时再次经过吸声材料，声能又一次被吸收。

材料的吸声性能不仅与材料本身的种类有关，而且与入射声波的频率、环境的温度、湿度和气流等因素有关。实验表明，吸声材料（主要指多孔材料）对中、高频声吸收较好，而对低频声吸收性能较差，若采用共振吸声结构则可以改善低频吸声性能。

3.1.2 穿孔板共振吸声结构的吸声原理

薄的板材如钢板、铝板、胶合板、塑料板、草纸棉线、石膏板等按一定的孔径和穿孔率穿上孔，在背后留下一定厚度的空气层，就构成穿孔板共振吸声结构。如图 3-1 所示为这类结构的示意图。

穿孔板共振吸声结构实际上是由许多单个共振器并联而成的共振吸声结构，当声波垂直入射到穿孔板表面时，暂不考虑板振动。孔内及周围的空气随声波一起来回振动，相当于一个"活塞"，它反抗体积速度的变化，是个惯性量。穿孔板与壁面间的空气层相当于一个"弹簧"，它阻止声压的变化。此外，由于空气在穿孔附近来回振动存在摩擦阻尼，它可以消耗声能。

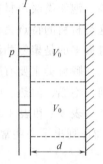

图 3-1 穿孔板共振
吸声结构示意图

不同频率的声波入射时，这种共振系统会产生不同的响应。当入射声波的频率接近系统固有的共振频率时，系统内空气的振动很强烈，声能大量损耗，即声吸收最大。相反，当入射声波的频率远离系统固有的共振频率时，系统内空气的振动很弱，因此吸声的作用很小。可见，这种共振吸声结构的吸声系数随频率而变化，最高吸声系统出现在系统的共振频率处。

目前广泛使用的微穿孔板吸声结构的吸声原理也属于这种类型。

3.1.3 薄板共振吸声结构的吸声原理

将薄的塑料板、金属或胶合板等材料的周边固定在框架（龙骨）上，并将框架与刚性板壁相结合，这种由薄板与板后的空气层构成的系统称为薄板共振吸声结构。图 3-2 为薄板共振吸声结构示意图。

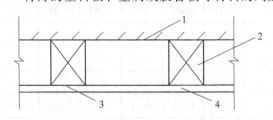

图 3-2 薄板共振吸声结构示意图
1—墙体或天花板；2—龙骨；3—阻尼材料；4—薄板

当声波入射到薄板上时，将激起板面振动，使板发生弯曲变形，由于板和固定支点之间的摩擦，以及板本身的内阻尼，使一部分声能转化为热能损耗，声波得到衰减。

当入射声波频率 f 与薄板共振吸声结构的固有频率一致时，产生共振，消耗声能最大。

3.2 吸 声 材 料

吸声材料最常用多孔性吸声材料，有时也可选用柔性材料及膜状材料等。在工程中，还常将多孔性吸声材料做成各种几何体来使用。常用的多孔吸声材料有玻璃、矿渣棉、泡沫塑料、石棉绒、毛毡、木丝板、软质纤维以及微孔吸声砖等。

3.2.1 吸声材料的种类

多孔材料一般有纤维类、泡沫类和颗粒类三大类型。

纤维类分无机纤维和有机纤维二类。无机纤维类主要有玻璃棉、玻璃丝、矿渣棉、岩棉及其制品等。玻璃丝可制成各种玻璃丝毡。玻璃棉分短棉、超细棉和中级纤维三种。超细玻璃棉是最常用的吸声材料，具有不燃、防蛀、耐热、耐腐蚀、抗冻等优点。经过硅油处理的超细玻璃棉，具有防火、防水、防湿的特点。岩棉是一种较新的吸声材料，它价廉、隔热、耐高温（700℃），易于加工成型。有机纤维类的吸声材料主要有棉麻下脚料、棉絮、稻草、海草、棕丝等，还有甘蔗渣、麻丝等经过加工加压而制成的各种软质纤维板。这类有机材料具有价廉、吸声性能好的特点。

泡沫类吸声材料主要有脲醛泡沫塑料、氨基甲酸酯泡沫塑料、海绵乳胶、泡沫橡胶等。这类材料的特点是容积密度小、导热系数小、质地软。其缺点是易老化、耐火性差。目前用得最多的是聚氨酯泡沫塑料。

颗粒类主要有膨胀珍珠岩、多孔陶土砖、矿渣水泥、木屑石灰水泥等。具有保温、防潮、不燃、耐热、耐腐蚀、抗冻等优点。

表 3-1 和表 3-2 列出了一些多孔材料的吸声系数。另外，为了读者比较和使用方便，表 3-3 还列出了一些常用建筑材料的吸声系数。

表 3-1 纤维类多孔吸声材料吸声系数（管测法）

序号	材料名称	厚度/cm	密度/(kg/m³)	腔厚/cm	各频率的吸声系数 α_0					
					125	250	500	1000	2000	4000
1	超细玻璃棉（棉径 4μm）	2	20	—	0.04	0.08	0.29	0.66	0.66	0.66
		4	20	—	0.05	0.12	0.48	0.88	0.72	0.66
		2.5	15	—	0.02	0.07	0.22	0.59	0.94	0.94
		5	15	—	0.05	0.24	0.72	0.97	0.90	0.98
		10	15	—	0.11	0.85	0.88	0.83	0.93	0.97
2	沥青玻璃棉毡	3	80	—	—	0.10	0.27	0.61	0.94	0.99
3	酚醛玻璃棉毡		80	—	—	0.12	0.26	0.57	0.85	0.94
4	防水超细玻璃棉毡	10	20	—	0.25	0.94	0.93	0.90	0.96	—
5	矿棉渣	5	175	—	0.25	0.35	0.70	0.76	0.89	0.91
6	甘蔗纤维板	1.5	220	—	0.06	0.19	0.42	0.42	0.47	0.58
		2	220	—	0.09	0.19	0.26	0.37	0.23	0.21
		2	220	5	0.30	0.47	0.20	0.18	0.22	0.31
		2	220	10		0.53	0.21	0.26	0.29	
7	海草	1	100	—	0.10	0.10	0.14	0.25	0.77	0.86
		3	100	—	0.10	0.14	0.17	0.65	0.80	0.98
		5	100	—	0.10	0.19	0.50	0.94	0.85	0.86

续表

序号	材料名称	厚度/cm	密度/(kg/m³)	腔厚/cm	各频率的吸声系数 α_0					
					125	250	500	1000	2000	4000
8	工业毛毡	1	370	—	0.04	0.07	0.21	0.50	0.52	0.57
		3	370	—	0.10	0.28	0.55	0.60	0.60	0.59
		5	370	—	0.11	0.30	0.50	0.50	0.50	0.52
9	水泥木丝板	1.5	470	—	0.05	0.17	0.31	0.49	0.37	0.68
		1.5	470	3	0.08	0.11	0.19	0.56	0.59	0.74
		2.5	470	—	0.06	0.13	0.28	0.49	0.72	0.85

表 3-2　泡沫和颗粒类吸声材料吸声系数（管测法）

序号	材料名称	厚度/cm	密度/(kg/m³)	腔厚/cm	各频率的吸声系数 α_0					
					125	250	500	1000	2000	4000
1	聚氨酯泡沫塑料	3	45	—	0.07	0.14	0.47	0.88	0.70	0.77
		5	45	—	0.15	0.33	0.84	0.68	0.82	0.82
		8	45	—	0.20	0.40	0.95	0.90	0.98	0.85
2	氨基甲酸泡沫塑料	2.5	25	—	0.05	0.07	0.26	0.87	0.69	0.87
		5	36	—	0.21	0.31	0.86	0.71	0.86	0.82
3	泡沫玻璃	6.5	150	—	0.10	0.33	0.29	0.41	0.39	0.48
4	泡沫水泥	5	—	—	0.32	0.39	0.48	0.49	0.47	0.54
		5	—	5	0.42	0.40	0.43	0.48	0.47	0.55
5	加气微孔砖	3.5	370	—	0.08	0.22	0.38	0.45	0.65	0.66
		3.3	620	—	0.20	0.40	0.60	0.52	0.65	0.62
6	膨胀珍珠岩（自然堆放）	4	106	—	0.12	0.13	0.67	0.68	0.82	0.92
7	水玻璃膨胀珍珠岩制品	10	250	—	0.44	0.73	0.50	0.56	0.53	—
		10	350~450	—	0.45	0.65	0.59	0.62	0.68	—
8	水泥膨胀珍珠岩制品	6	300	—	0.18	0.43	0.48	0.53	0.33	0.51
9	石英砂吸声砖	6.5	1500	—	0.08	0.24	0.78	0.43	0.40	0.40
10	水泥石至石粉制块	3	—	—	0.07	0.07	0.16	0.47	0.43	—
11	石棉石至石板	3.4	420	—	0.22	0.30	0.39	0.41	0.50	0.50
		3.8	240	—	0.12	0.14	0.35	0.39	0.55	0.54

表 3-3　常用建筑材料吸声系数（混响法）

序号	材料名称		厚度/cm	腔厚/cm	各频率的吸声系数 α_0					
					125	250	500	1000	2000	4000
1	砖墙	清水面	—	—	0.02	0.03	0.04	0.04	0.05	0.07
		普通抹灰面	—	—	0.02	0.02	0.02	0.03	0.04	0.04
		拉毛水泥面	—	—	0.04	0.04	0.05	0.06	0.07	0.05
2	混凝土	未油漆毛面	—	—	0.01	0.01	0.02	0.02	0.02	0.03
		油漆面	—	—	0.01	0.01	0.01	0.02	0.02	0.02
3	水磨石		—	—	0.01	0.01	0.01	0.02	0.02	0.02
4	石棉水泥板		0.4	10	0.19	0.04	0.07	0.05	0.04	0.04
			0.6	10	0.08	0.05	0.03	0.05	0.03	0.03
5	板条抹灰、钢板条抹灰		—	—	0.15	0.10	0.06	0.05	0.04	0.04
6	木搁栅		—	—	0.15	0.10	0.10	0.07	0.06	0.07
7	铺实木地板、沥青黏性混凝土上		—	—	0.04	0.04	0.07	0.06	0.06	0.07
8	玻璃		—	—	0.35	0.25	0.18	0.12	0.07	0.04
9	木板		1.3	2.5	0.30	0.30	0.15	0.10	0.10	0.10
10	硬质纤维板		0.4	10	0.25	0.12	0.14	0.08	0.06	0.06
11	胶合板		0.3	5	0.20	0.70	0.15	0.10	0.04	0.04
			0.3	10	0.29	0.43	0.17	0.10	0.15	0.05
			0.5	5	0.11	0.26	0.15	0.14	0.04	0.04
			0.5	10	0.36	0.24	0.10	0.05	0.04	0.04

　　多孔材料在使用时必须有护面层，以便于多孔材料的固定，防止飞散、抖落。护面层可采用穿孔护面板、金属丝网、塑料网纱、玻璃布、麻布、纱布等，使用穿孔护面板时要使其开孔率不低于 20%，否则会影响材料的吸声性能。

3.2.2　多孔吸声材料的吸声特性

　　多孔吸声材料的吸声系数频率特性如图 3-3 所示。一般多孔吸声材料厚度不高，对于低频率噪声吸声系数很低。随着频率的提高，吸声系数逐渐增大，达到一个最大值 α_m 以后，吸声系数有些波动，高频时趋向较高值 α_n，α_m 和 α_n 值的大小，主要和材料的流阻有关。而各类材料的单位流阻则取决于材料的纤维直径、纤维形状、排列方式和材料密度。常用材料的结构因子 s 来表示多孔材料中孔的形状及其方向性分布的不规则情况。结构因子数值一般在 2～10 范围内。材料的流阻的定义是：当声波引起空气振动时，有微量空气在多孔材料的空隙中通过，这时材料两面的静压差 Δp 与气流线速度 v 之比称为流阻，用 R_f 表示。纤维直径在 $20\mu m$ 以下的玻璃纤维，在一定密度下，α_m 可达 100%，α_n 可达 99% 左右。甘蔗板、稻草板以及木质纤维板等材料，因为纤维直径大、压得结实，流阻很大，高频时吸声系数只有 70% 左右，甚至更低。（见表 3-1、表 3-2、表

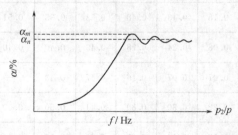

图 3-3　多孔吸声材料的吸声系数频率特性

3-3）。材料厚度增加一倍，则吸声曲线大约向低频移一个倍频程。但是，材料的厚度有个极限，极限厚度与单位厚度流阻（比流阻）的二分之一次方成反比。如某种胶合板的极限厚度为16cm，甘蔗板的极限厚度只有几厘米。因此要在很低的频率下获得高吸声系数仅靠增加材料厚度是不可行的。

多孔材料的吸声性能除与本身材料性质、入射声波频率有关外，还与材料的使用条件如温度、湿度、气流、背后空气层因素有关。

在材料层与刚性壁之间设一定距离的空腔，可以改善对低频噪声的吸声性能，相当于增加多孔材料的厚度，且更经济实用。

温度的升高会使吸声材料的吸声性能向高频方向移动，反之向低频方向移动。因此在使用时要注意材料的温度使用范围。

湿度增加，会使孔隙内水量增加，堵塞材料的细孔，使吸声系数下降。因此，在湿度较大的车间或地下室，应选用吸水量小的、耐湿的多孔材料。

气流也会影响吸声材料的使用，因为气流易吹散多孔材料，甚至飞散的材料会堵塞管道，不仅影响吸声效果，而且会损坏风机叶片，造成生产事故。

3.2.3 空间吸声体

在某些噪声环境中，为了使用上的方便将吸声材料做成各种几何体（如平板状、球体、圆锥体、圆柱体、棱形体、正方体等），把它们悬挂在空中，此时吸声材料各个侧面都能与声波接触，起到空间吸声的作用，因此把它们称为空间吸声体。图3-4是空间吸声体常用的几种形状，在这些形状中又以平板矩形最为常用。

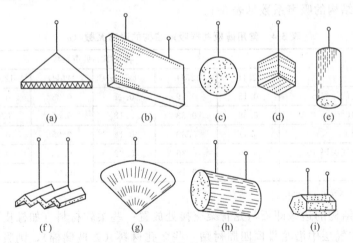

图 3-4　几种形状的空间吸声体

吸声体是由框架、吸声材料（常用多孔材料）和护面结构制成的。吸声体的面积宜取房间平顶面积的30%～40%，或室内总表面积的15%左右。此时其吸声量接近满铺吸声材料时的效果，因而造价降低。此外，吸声体还可以预制，安装方便，合理的形状和色彩还可以起到装饰作用。

空间吸声体的安装高度，对于大型厂房，通常顶高度控制在厂房净高度的1/7～1/5左右。小型厂房挂在离顶0.5～0.8m处。排列方式常用集中式、棋盘格式、长条式三种，其中以条形效果最好。

如果把吸声材料做成楔形结构（在金属钢架内填充多孔材料构成），就成为吸声尖劈。尖劈吸声性能比较好，对 50Hz 以上的声波，其吸声系数可高达 99%。在消声室内，由于对吸声的要求很高，因此各壁面都用尖劈吸声。

3.3 吸声结构

根据对多孔吸声材料吸声特性的研究，多孔材料对中、高频声吸收较好，而对低频声吸收性能较差，若采用共振吸声结构则可以改善低频吸声性能。

共振吸声结构是利用共振原理制成的，常用的吸声结构有：薄板共振吸声结构、亥姆霍兹共振器、穿孔板共振器吸声结构及微穿孔板吸声结构等。

3.3.1 薄板共振吸声结构

用作薄板共振吸声结构的材料有胶合板、硬质纤维板、石膏板、石棉水泥板、金属板等。根据其吸声原理不难理解，当入射声波频率 f 与结构的固有频率 f_r 一致时，即产生共振消耗声能。经研究，该结构的共振频率 f_r 一般在 $10\sim300$Hz 之间，可用下式估算

$$f_r = \frac{600}{\sqrt{MD}} \tag{3-2}$$

式中 f_r——薄板共振吸声结构的共振频率，Hz；

M——薄板的面密度，kg/m²，M＝板厚×板密度；

D——空气层厚度，cm。

常取薄板厚度 $3\sim6$mm，空气层厚度为 $30\sim100$mm。其吸声系数一般为 $0.2\sim0.5$。常用薄板共振吸声结构的吸声系数见表 3-4。

表 3-4 常用薄板共振吸声结构的吸声系数（α_T）

材料	构造/cm	各频率下吸声系数					
		125Hz	125Hz	125Hz	125Hz	125Hz	125Hz
草纸板	板厚2，空气层厚5	0.15	0.49	0.41	0.38	0.51	0.64
三夹板	空气层厚10	0.59	0.38	0.18	0.05	0.04	0.08
五夹板	空气层厚10	0.41	0.30	0.14	0.05	0.10	0.16
木丝板	板厚3，空气层厚10	0.09	0.36	0.62	0.53	0.71	0.89
胶合板	空气层厚10	0.34	0.19	0.10	0.09	0.12	0.11

注：构造框架间距 45cm×45cm。

如果在薄板结构的边缘即板与龙骨架交接处放置一些柔软材料（如橡皮条、海棉条、毛毡等），以及在空气层中沿龙骨框四周衬贴一些多孔材料（如玻璃棉），则吸声效果将明显提高。采用组合不同单元大小或不同腔深的薄板结构，可以提高吸声频带。

3.3.2 穿孔板共振吸声结构

在薄板上打上小孔，在板后与刚性壁之间留一定深度的空腔就组成了穿孔板共振吸声结构，按薄板上穿孔的数目分为单孔共振吸声结构和多孔共振吸声结构。制作这种吸声结构的材料有钢板、铝板、胶合板、塑料板、草纸棉线、石膏板等。

3.3.2.1 单孔共振吸声结构（亥姆霍兹共振器）

单孔共振吸声结构也称亥姆霍兹共振器，如图 3-5 所示。腔体体积为 V，颈口颈长为 l_0，颈口直径为 d，腔体通过孔颈与腔外大气连通。

这种结构的腔体中空气具有弹性，相当于弹簧；孔颈中空气柱具有一定质量，相当于质量块，因此可以将它看作一个质量—弹簧共振系统。当声波入射到共振器上时，空气柱将在孔颈中往复运动，由于摩擦作用，使声能转变为热能而消耗。当入射声波频率与共振器固有频率一致时，产生共振。其共振频率为

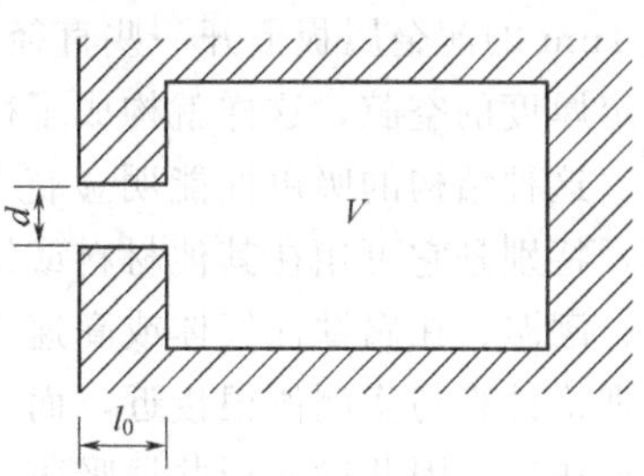

图 3-5 单孔共振吸声结构示意图

$$f_r = \frac{c}{2\pi}\sqrt{\frac{S_0}{Vl_k}} \qquad (3-3)$$

式中　c——声速，m/s，一般取 340m/s；

　　　S_0——颈口面积，m^2；

　　　V——空腔体积，m^3；

　　　l_k——颈的有效长度，用下式求取

$$l_k = l_0 + 0.85d \, (\mathrm{m}) \qquad (3-4)$$

式中　l_0——颈的实际长度（即板厚），m；

　　　d——颈口直径，m。

当空腔内壁粘贴多孔材料时

$$l_k = l_0 + 1.2d \qquad (3-5)$$

从共振频率计算式可知，只要改变孔颈大小和空腔体积，就可以得到不同共振频率的共振器。而与小孔和空腔的形状无关。但这种结构的吸声频率选择性很强，只对共振频率附近的声波有较好的吸收，因而吸声频带很窄。

3.3.2.2　穿孔板共振吸声结构

穿孔板共振吸声结构实际上是由多个亥姆霍共振器并联而成的共振吸声结构，当小孔均匀分布且孔径一致时，这种结构的共振频率 f_r 可按下式计算

$$f_r = \frac{c}{2\pi}\sqrt{\frac{P}{Dl_k}} \qquad (3-6)$$

式中　c——声速，m/s；

　　　P——穿孔率；

　　　D——空腔厚度，m；

　　　l_k——孔颈有效长度，m。

工程上常用板厚 1～10mm，孔径 2～15mm，穿孔率 0.5%～15%，空气层厚 50～250mm。

这种结构吸声频率选择性也很强，吸声频带很窄。主要用于吸收低、中频噪声的峰值，吸声系数为 0.4～0.7。

改善穿孔板共振吸声结构吸声系数的措施具体如下。

(1) 在板后空腔内按一定要求填充适量多孔材料，以增加空气的摩擦；

(2) 可以考虑采用穿孔板采用不同穿孔率的多层（一般取两层）穿孔板结构，能使吸声频带增宽，提高 2～3 个倍频程；

(3) 孔径取偏小值，以提高孔内阻尼。

3.3.3　微孔板共振吸声结构

微孔板吸声结构是我国著名声学专家马大猷教授于 1964 年首先提出来的。在厚度不超

过 1nm 的薄金属板上开一些直径不超过 1nm 的微孔，开孔率控制在 0.5%～5%，板后留下一定厚度的空腔，这样就构成了微穿孔吸声结构。

这种结构的吸声性能明显优越于前面三类共振结构。它的吸声频带较宽，吸声系数较高，特别是它可用在其他材料或结构不适合的场所（因为它完全不需使用吸声材料），如高温、潮湿、在腐蚀性气体或高速气流等环境；同时它结构简单、设计理论成熟，其吸声特性的理论计算与实测值很接近，而一般吸声材料或结构的吸声系数则要靠试验测量，理论只起指导作用，因此微孔板共振吸声结构近年来已在噪声控制领域得到广泛应用，效果较好。但它的缺点是微孔加工较困难，且易被灰尘堵塞。

有时也利用双层微穿孔结构来进一步提高其吸声效果。一些微穿孔板吸声结构的吸声系数见表 3-5。

表 3-5 微穿孔板吸声系数（管测法和混凝土响法）

类别 规格 腔深 /cm 频率/Hz	单层微穿孔板				双层微穿孔板		
	ϕ 0.8 t 0.8 P 1%	ϕ 0.8 t 0.8 P 1%	ϕ 0.8 P 2%	ϕ 0.8 P 2%	ϕ 0.8 t 0.8 P 2% P 1%	ϕ 0.8 t 0.8 P 3% P 1%	ϕ 0.8 t 0.8 P 2% P 1%
	15	20	15	20	前腔 8 后腔 12	前腔 8 后腔 12	前腔 8 后腔 12
100	0.35	0.40	0.12	0.12	0.44	0.37	0.41
125	0.37	0.40	0.18	0.19	0.48	0.40	0.41
160	0.34	0.50	0.19	0.26	0.25	0.62	0.46
200	0.77	0.72	0.30	0.30	0.86	0.81	0.83
250	0.85	0.83	0.43	0.50	0.97	0.92	0.91
315	0.92	0.95	0.96	0.55	0.99	0.99	0.69
400	0.97	0.80	0.81	0.54	0.97	0.99	0.58
500	0.87	0.54	0.57	0.45	0.93	0.95	0.61
630	0.65	0.27	0.52	0.41	0.93	0.90	0.54
800	0.30	0.07	0.36	0.27	0.96	0.88	0.60
1000	0.20	0.77	0.32	0.35	0.64	0.66	0.61
1250	0.26	0.40	0.29	0.39	0.41	0.50	0.60
1600	0.32	0.13	0.40	0.36	0.13	0.25	0.45
2000	0.15	0.28	0.33	0.36	0.15	0.13	0.31
2500			0.38	0.01			0.47
3150			0.35	0.33			0.32
4000			0.34	0.19			0.30
5000			0.32	0.36			0.32
说明	驻波管法		混响法		驻波管法		混响法
	ϕ 孔径/mm		t 板厚/mm		P 穿孔率		

以上学习了多孔吸声材料、薄板共振吸声结构、穿孔板共振吸声结构和微穿孔板共振吸声结构的吸声原理和吸声特性，它们在噪声控制工程中都有广泛的应用，有时是组合使用。图 3-6 对各种吸声结构和吸声特性进行了比较，可以从中看出各种结构的使用特点。图 3-6 (a)～(i) 的情况如下。

图 3-6(a) 开阔的空间，是个自由声场，声波被空气全部吸收，吸声系数为1；

图 3-6(b) 坚硬、光滑的刚性表面，声波吸收很少；

图 3-6(c) 多孔吸声材料，主要吸收中、高频噪声，吸收频带集中在中、高频区；

图 3-6(d) 多孔材料背衬空腔，最大吸声频率向低频移动，吸收频带提高较大；

图 3-6(e) 穿孔板背衬多孔吸声材料，不仅能较好吸收低频噪声，且吸声频带增宽；

图 3-6(f) 板状吸声结构（1线），若在板后充填多孔吸声材料，可使吸声系数提高，最大吸声频率向低频移动（2线）；

图 3-6(g) 穿孔板吸声结构，吸声频带很窄；

图 3-6(h) 穿孔板背衬纤维布，吸声频带有一定提高；

图 3-6(i) 多层穿孔板，吸声效果较好，频带较宽。

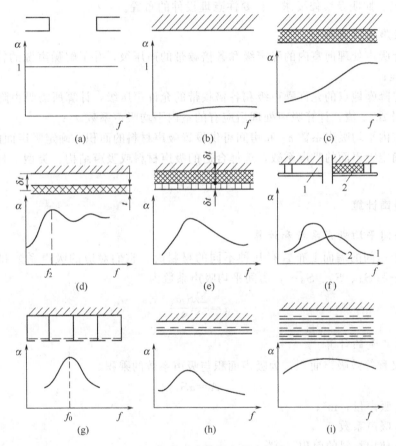

图 3-6　各种吸声结构和吸声特性

*3.4　吸 声 设 计

*3.4.1　吸声结构选择与设计的原则

（1）应尽量先对声源进行隔声、消声等处理，当噪声源不宜采用隔声措施，或采用隔声措施后仍达不到噪声标准时，可用吸声处理作为辅助手段。只有当房间内平均吸声系数很小时，吸声处理才能取得良好的效果，单独的风机房、泵房、控制室等房间面积较小，所需降噪量较高，宜对天花板、墙面同时作吸声处理；车间面积较大时，宜采用空间吸声体、平顶吸声处理；声源集中在局部区域时，宜采用局部吸声处理，并同时设置隔声屏障；噪声源比较多而且较分散的生产车间宜作吸声处理。

（2）对于中、高频噪声，可采用20~50mm厚的常规成型吸声板，当吸声要求较高时可采用50~80mm厚的超细玻璃棉等多孔吸声材料，并加适当的护面层；对于宽频带噪声，可在多孔材料后留50~100mm的空气层，或采用80~150mm厚的吸声层；对于低频带噪声，可采用穿孔板共振吸声结构，其板厚通常可取2~5mm，孔径可取3~6mm，穿孔率小于5%。

（3）对于湿度较高的环境，或有清洁要求的吸声设计，可采用薄膜覆面的多孔材料或单、双层微穿孔板共振吸声结构，穿孔板的板厚及孔径均不大于1mm，穿孔率可取0.5%~3%，空腔深度可取50~200mm。

（4）进行吸声处理时，应满足防火、防潮、防腐、防尘等工艺与安全卫生要求，还应兼顾通风、采光、照明及装修要求，也要注意埋设件的布置。

*3.4.2 吸声设计程序

（1）确定吸声处理前室内的噪声级和各倍频带的声压级，并了解噪声源的特性，选定相应的噪声标准；

（2）确定降噪地点的允许噪声级和各倍频带的允许声压级，计算所需吸声降噪量 ΔL_p；

（3）根据 ΔL_p 值，计算吸声处理后应有的室内平均吸声系数 α_2；

（4）由室内平均吸声系数 α_2 和房间可供设置吸声材料的面积，确定吸声面的吸声系数；

（5）由确定吸声面的吸声系数，选择合适的吸声材料或吸声结构、类型、材料厚度、安装方式等。

*3.4.3 吸声计算

3.4.3.1 房间平均吸声系数和计算

如果一个房间的墙面上布置有几种不同的材料时，它们对应的吸声系数和面积分别为 α_1、α_2、$\alpha_3\cdots$ 和 S_1、S_2、$S_3\cdots$，房间平均吸声系数为

$$\overline{\alpha} = \frac{\sum S_i \alpha_i}{\sum S_i} \tag{3-7}$$

3.4.3.2 吸声量的计算

吸声量又称等效吸声面积，为吸声面积与吸声系数的乘积。

$$A = \alpha S \tag{3-8}$$

式中　A——吸声量，m^2；

　　　α——吸声系数；

　　　S——使用材料的面积，m^2。

如果一个房间的墙面上布置有几种不同的材料时，则房间的吸声量为

$$A_i = \sum_{i=1}^{n} \alpha_i S_i \tag{3-9}$$

式中　A_i——第 i 种材料组成壁面的吸声量，m^2；

　　　α_i——第 i 种材料的吸声系数；

　　　S_i——第 i 种材料的面积，m^2。

3.4.3.3 室内声压级的计算

房间内噪声的大小和分布取决于房间形状、墙壁、天花板、地面等室内器具的吸声特

性，以及噪声源的位置和性质。室内声压级的通常用下式计算。

$$L_p = L_W + 10 \lg \left(\frac{Q}{4\pi r^2} + \frac{4}{R_r} \right) \qquad (3-10)$$

式中　L_p——室内声压级，dB；

L_W——声功率级，dB；

Q——声源的指向性因素，取值同第 2 章（声源位于室内中心，$Q=1$；声源位于室内地面或墙面中心，$Q=2$；声源位于室内某一边线中心，$Q=4$；声源位于室内某一角，$Q=8$）；

R_r——房间常数，定义式为下式（3-11）。

$$R_r = \frac{S\bar{\alpha}}{1-\bar{\alpha}} \qquad (3-11)$$

3.4.3.4　混响时间计算

在总体积为 V 的扩散声场中，当声源停止发声后声能密度下降为原有数值的百万分之一所需的时间或房间内声压级下降 60dB 所需的时间，叫做混响时间，用 T 表示。其定义式为赛宾公式，即

$$T = \frac{0.161V}{S\bar{\alpha}} \qquad (3-12)$$

3.4.3.5　吸声降噪量的计算

设处理前房间平均吸声系数为 $\bar{\alpha}_1$，声压级为 L_{p1}；吸声处理后为 $\bar{\alpha}_2$，L_{p2}。吸声处理前后的声压级差 ΔL_p，即为降噪量，可由下式计算。

$$\Delta L_p = L_{p1} - L_{p2} = 10 \lg \frac{\dfrac{Q}{4\pi r^2} + \dfrac{4}{R_{r1}}}{\dfrac{Q}{4\pi r^2} + \dfrac{4}{R_{r2}}} \qquad (3-13)$$

在噪声源附近，直达声占主要地位，即 $\dfrac{Q}{4\pi r^2} \gg \dfrac{4}{R_r}$，略去 $\dfrac{4}{R_r}$ 项，得

$$\Delta L_p = 10 \lg 1 = 0$$

在离噪声源足够远处，混响声占主要地位，即 $\dfrac{Q}{4\pi r^2} \ll \dfrac{4}{R_r}$，略去 $\dfrac{Q}{4\pi r^2}$ 项，得

$$\Delta L_p = 10 \lg \frac{R_{r2}}{R_{r1}} = 10 \lg \left(\frac{\bar{\alpha}_2 (1-\bar{\alpha}_1)}{\bar{\alpha}_1 (1-\bar{\alpha}_2)} \right) \qquad (3-14)$$

因此，上式简化可得整个房间吸声处理前后噪声降低量为

$$\Delta L_p = 10 \lg \left(\frac{\bar{\alpha}_2}{\bar{\alpha}_1} \right) \qquad (3-15)$$

由 $A = \alpha S$ 和赛宾公式，因此

$$\Delta L_p = 10 \lg \left(\frac{A_2}{A_1} \right) \qquad (3-16)$$

$$\Delta L_p = 10 \lg \left(\frac{T_1}{T_2} \right) \qquad (3-17)$$

式中　A_1，A_2——吸声处理前、后的室内总吸声量，m^2；

T_1，T_2——吸声处理前、后的室内混响时间，s。

3.4.3.6 吸声减噪计算实例

工程名称：某厂控制室

房间尺寸：$14m \times 10m \times 3m$，体积 $V = 420m^3$，面积 $S = 424m^2$

噪声源：空调设备，在 $10m \times 3m$ 墙壁的中心部位

控制要求：距噪声源7m处符合 N-50 曲线

设计计算步骤见表3-6。计算步骤如下。

① 记录房间尺寸、体积、总表面积、噪声源的种类和位置等事项；

② 在表的第一行记录噪声的倍频程声压级测量值；

③ 在表的第二行记录 NR-50 的各个倍频程声压级；

④ 对各个倍频程声压级由第一行减去第二行，当出现负值时记为0；

⑤ 混响时间的测量值记录在第四行，由此计算出平均吸声系数 $\overline{\alpha}_1$，并记录在第五行；

⑥ 用式（3-14）或式（3-15）计算出 $\overline{\alpha}_2$，记录在第六行；

⑦ 参考各种材料的吸声系数，使平均吸声系数达到第六行所列的 $\overline{\alpha}_2$ 以上，然后确定房间内各部分的装修。

表 3-6 设计计算步骤

| 次序 | 项 目 | 倍频程中心频率/Hz | | | | | | 说 明 |
		125	250	500	1000	2000	4000	
①	距噪声源7m处倍频程声压级/dB	60	62	63	59	57	54	测量
②	噪声允许值/dB NR-50	67	58	54	50	47	45	设计目标值
③	需要减噪量 ΔL_p	0	4	9	9	10	9	①～②
④	处理前房间混响时间/s	2.6	2.4	2.0	1.8	1.6	1.2	测量
⑤	处理前平均吸声系数 $\overline{\alpha}_1$	0.06	0.07	0.08	0.09	0.1	0.13	测量或由式(3-7)计算
⑥	所需平均吸声系数 $\overline{\alpha}_2$	0.06	0.16	0.41	0.47	0.53	0.54	由式(3-14)或式(3-15)计算

阅读材料

利用绿化控制噪声

（1）绿化降噪的原理和效果

城市绿化对于降低环境噪声、改造自然、净化空气、防风固沙、调节和改善城市气候、保护和美化环境等有着重要的作用。

绿化带可以控制噪声在声源和接收者之间的空间自由传播，声能遇到由树叶形成的介质，其阻力比空气介质大得多，并能反射和吸收入射到树叶表面、树干、树枝上的声能。由于每片树叶的柔软性，部分声能在低音频率范围内变为树叶固有振动频率的振动能量，使其变为热能；另一部分声能被大量的树叶所吸收。由此可见，绿化带如同各种物质介质一样都具有吸收声能的作用，介质的稠密度越高，则效果越明显；同时，密植的树木是声波传播途径上的绿色屏蔽，在屏障后面形成声影区。

经研究证明，利用绿林带可以降低汽车运输噪声。在表3-7中可见绿化带的减噪效果。从表3-7中看出，对低频声频段，即交通运输噪声主要频段，利用绿化带作为防噪措施所达到的降低噪声级平均值为0.05～0.17dB/m。一般绿化带对中、高频噪声具有较高的减噪效果，而对低频的减噪作用则较差。

表3-7　树木单位吸声量　　　　　　　　单位:dB/m

树木种类	频　　率/Hz					全频带噪声降低平均值
	200～400	400～800	800～1600	1600～3200	3200～6400	
松木(树冠)	0.08～0.11	0.13～0.15	0.14～0.15	0.16	0.19～0.20	0.15
幼年松林	0.10～0.11	0.1	0.10～0.15	0.10	0.14～0.20	0.15
冷杉(树冠)	0.10～0.12	0.14～0.17	0.18	0.14～0.17	0.23～0.3	0.18
茂密阔叶林	0.05	0.05～0.07	0.08～0.10	0.11～0.15	0.17～0.2	0.12～0.17
浓密的绿篱	0.13～0.15	0.17～0.25	0.18～0.35	0.20～0.40	0.3～1.5	0.25～0.35

但是，绿化带对降低城市交通噪声不很明显。为了利用绿林带降低交通噪声，必须做到密集栽植，树冠下的空间植满浓密灌木，树的栽植应具有一定的形式。绿化带吸声效果是由林带的宽度、种植结构、树木的组成等因素决定的。由几列树组成、有一定间隔的绿林带的减噪效果比树冠密集的单列绿林带大得多。

（2）绿化降噪的方法

正确选择树种是提高绿林带防噪效果的重要一环，因此应选择叶茂枝密，树冠低垂、粗壮，生产迅速，减噪力强的品种，如由雪松、杨树、珊瑚树桂花、水杉、龙柏等组成的绿化带。同时，还必须注意选择能抗有害气体的树种。在栽植时，可采用一种或两种树作为绿化林带的骨架和高层的主要组成部分，而其他的灌木树形成低层绿林带。一般说来，树的高度不小于7～8m，灌木不小于1.5～2m。树木栽植的间距为0.5～3m。

多列树木组成的绿化带较适合于城市采用，因为每列之间可以敷设人行林荫道。利用绿化带降低噪声可以收到很好效果，密植20～30m宽的林带能够降低交通噪声10dB。绿林带宽度为10～15m时，降低交通噪声的效果良好。

根据城市人口多、建筑密度大的特点，除了大力种树、花、草外，还可大力发展垂直绿化，种植一些攀缘植物，如爬山虎、牵牛花、紫藤、地锦、葡萄等，它们基本上不占地，适合在房基下、围墙边或凉台等处种植。这些植物生长快，繁殖容易，大多数攀缘植物抗污染能力较强，适应城市环境。这种形式的绿化对减噪非常有效，尤其对高层建筑防治噪声具有一定的作用。如果房屋墙壁被攀缘植物覆盖，那么与抹灰泥的砖墙比较其吸声能力增加4～5倍，这样进入室内的噪声就由于垂直绿化而大大降低。

小　　结

本章主要学习了吸声降噪的原理、各种吸声材料的种类和性能、各种共振吸声结构的特点以及吸声降噪的设计计算方法。要求重点掌握以下几点。

- 吸声材料和共振吸声结构的吸声原理；

- 吸声材料和共振吸声结构的吸声特征和应用区别；
- 各种吸声处理方式、吸声结构的选择；
- 吸声降噪工程的降噪量计算。

在学习过程中要特别注意与隔声技术的联系，它们往往是结合使用的。课后要多看有关案例，在案例分析中加深对吸声技术的理解。

思考与练习

1. 什么是吸声系数？多孔吸声材料的吸声原理是什么？
2. 穿孔板共振吸声结构的吸声原理是什么？
3. 薄板共振吸声结构的吸声原理是什么？
4. 常用的吸声材料有哪些种类？各有什么特点？
5. 什么是空间吸声体？安装时应注意什么问题？
6. 常用的吸声结构有哪些？
7. 如何改善穿孔板共振吸声结构吸声系数？
8. 微孔板共振吸声结构的吸声原理是什么？有何特点？
9. 吸声结构选择与设计的原则是什么？

4. 消 声

学习指南

消声器是一种在允许气流通过的同时，又能有效地阻止或减弱声能向外传播的设备。对于通风管道、排气管道等噪声源，在进行降噪处理时，需要采用消声技术。一个性能好的消声器，可使气流噪声降低20～40dB。本章主要介绍了几种常见消声器的性能参数，消声机理及消声设计包括阻性消声器、抗性消声器、阻抗复合消声器、微孔板消声器、小孔消声器及有源消声器，此外还阐述了消声器的选型与安装，建议读者在掌握消声有关概念的基础上，对本章进行循序渐进的学习。

4.1 消声器性能评价

4.1.1 消声器性能评价

消声器是安装在空气设备（如鼓风机、空压机）气流通道上或进、排气系统中的降低噪声的装置。消声器能够阻挡声波的传播，允许气流通过，是控制噪声的有效工具。消声器的性能主要从以下三个方面来评价。

4.1.1.1 消声性能

消声性能即消声的消声量和频谱特性。消声器的消声量通常用传声损失和插入损失来表示。现场测试时，也可以用排气口（或进气口）处两端声级来表示。消声器的频谱特性一般以倍频1/3频带的消声量来表示。

4.1.1.2 空气动力性能

空气动力性能即阻力损失或阻力系数。消声器的阻力损失通常是用消声器入口和出口的全压来表示的，阻力系数可由消声器的动压和阻损算出。在气流通道上安装消声器，必然会影响空气动力设备的空气动力性能。如果只考虑消声器的消声性能而忽略了空气的动力性能，则在某种情况下，消声器可能会使设备的效能大大降低，甚至无法正常使用。例如，某内燃机厂柴油试车上的消声器，由于阻力太大，使得发动机的功率损失过大，以致开不动车，为了不影响生产，工人们只得将消声器拆掉，仍旧在强噪声环境中工作。

4.1.1.3 结构性能

结构性能对于具有同样的消声性能和空气动力性能的消声器的使用具有十分重要的现实意义。一般地，几何尺寸越小，价格越便宜，使用寿命越长，则该消声器结构性能就越好。

4.1.2 消声器性能参数

消声器的消声量是评价其声学性能好坏的重要指标。但是，测量方法不同，所得消声量也不同。当消声器内没有气流通过而仅有声音通过时，测得的消声量称为静态消声量；当有声音和气流同时通过消声器时，测得的消声量为动态消声量。

消声器测量方法国家标准（GB 4760—84）对消声器实验室测量方法和现声测量方法作了详细的规定，实验室测量方法是在可控实验室条件下较深入细致地测试消声器的性能，主要适用于以阻性为主的管道消声器。现场测量方法是在实际使用条件下直接测试消声器的消声效果，适用于一端连通大气的一般消声器。

评价消声器声学性能好坏的量有下列 4 种。

4.1.2.1 插入损失（IL）

在系统中，装置消声器以前和装置消声器以后相对比较，通过管口辐射噪声的声功率级之差定义为消声器的插入损失，符号：IL，单位：分贝（dB）。

在通常情况下，管口大小形状和声场分布基本保持不变，这时插入损失等于在给定测点处装置消声器以前与以后的声压级之差。简而言之，插入损失就是指系统中插入消声器前后在系统外某定点测得的声压级差。

可以在实验室内典型试验装置测量消声器的插入损失，也可以在现场测量消声器的插入损失。

在实验室内测量插入一般应采用混响室法或半消声室或管道法。这几种方法都应进行装置消声器以前和以后两次测量，先进行空管测量，测出通过管口辐射噪声的各倍频带或 1/3 倍频带声功能各频带的插入损失等于前后两次测量所得声功率级之差，当测试条件不变时，声功率级之差就等于给定测点处声压级之差。

现场测量消声器插入损失符合实际使用条件，但受环境、气象测距等影响、测量结果应进行修正。

无论是实验测量还是现场测量，A 计权插入损失 IL（dB）的计算式如下

$$IL = L_{p_1} - L_{p_2} \tag{4-1}$$

式中　L_{p_1}——噪声源本身的 A 声级，dB（基准值为 2×10^{-5} Pa）；

　　　L_{p_2}——装置消声器后的 A 声级，dB（基准值为 2×10^{-5} Pa）。

4.1.2.2 传声损失（R）

国家标准（GB 4760—84）还规定了实验室测量消声器传声损失的方法。消声器进口端入射声能与出口端透射声能相对比较，入射声与透射声声功率级之差，称为消声器的传声损失，用 R 表示，单位为分贝（dB）。以通常情况下消声器进口端与出口端的通道截面相同，声压沿截面近似均匀分布，这时传声损失等于入射声声压级之差。

测量消声器的传声损失，必须在实验室给定工况下分别在消声器两端进行测量，在消声器进口测出对应于入射声的倍频带或 1/3 频带声功率级，在出口端测出对应于透射声的相应于功率级，各频带传声损失等于两端分别测量所得频带声功率级之差。一般应以管道法测量入射声和透射的声压级。

各频带传声损失（R）可由下式决定

$$R = \overline{L}_{p_0} - \overline{L}_{p_I} + (K_I - K_0) + 10\lg \frac{S_0}{S_I} \tag{4-2}$$

式中 $\overline{L}_{p_0}$——入射声声压级，dB（基准值为 2×10^{-5} Pa）；

$\quad\overline{L}_{p_I}$——透射声声压级，dB（基准值为 2×10^{-5} Pa）；

$\quad K_0$——入射声的背景噪声修正值，dB；

$\quad K_I$——透射声的背景噪声修正值，dB；

$\quad S_0$——消声器上游管道通道截面面积，m^2；

$\quad S_I$——消声器下游管道通道截面面积，m^2。

当实际使用的噪声源频为已知时，由实测各频带传声损失，可参照式（4-1）计算出 A 计权传声损失（R_A）。

4.1.2.3 减噪量（L_{NR}）

在消声器进口端面测得的平均声压级与出口端面测得的平均声压级之差称为减噪量，其关系式如下

$$L_{NR}=L_{p_1}-L_{p_2} \tag{4-3}$$

式中 L_{p_1}——消声进口端面平均声压级，dB；

$\quad L_{p_2}$——消声出口端面平均声压级，dB。

这种测量方法误差较大，易受环境反射、背景噪声、气象条件等影响。这种测量方法用的较少，有时用于消声器台架相对测量比较。

4.1.2.4 衰减量（L_A）

消声器内部两点间的声压级的差值称为衰减量，主要用来描述消声器内声传播的特性，通常以消声器单位长度的衰减量（dB/m）来表示。

除了上述 4 种方法之外，有时为了定量地分析比较某些消声器的性能，也给出一些其他的评价指标。例如消声器指数，它是单位当量长度，单位当量横断面面积的消声量，即参考体积的消声量。

以上几种评价消声器性能的方法中，传声损失和衰减量是属于消声器本身的特性，它受声源与环境影响较小（不包括气流速度的影响），而插入损失、减噪量不单是消声器本身的特性，它还受到声源端点反射以及测量环境的影响，因此，在给出消声器消声效果（消声量）的同时，一定要注明是采用何种方法，在何种环境下测得的。

目前，一般采用表态消声量来表示消声器的消声效果，因为静态消声量是一个定值，而动态消声量则受气流速度的影响，是一个不定值，故评价指标以用静态消声量为宜。当声源经静态消声后的剩余声级（简称静态出口声级）大于消声器气流噪声级时，消声器的动态、静态消声量基本一致，不受气流的影响；当消声器静态出口声级低于消声器气流噪声级时，则消声器的动态消声量低于静态消声量，其差值随流速的增加而增大；当气流噪声级大于消声器入口声级时，此时消声器不仅不能消声，反而变成了一个噪声放大器。为解决静态和动态消声量可能不一致的问题，有些消声器产品已采用静态消声量和气流噪声级两个指标来表示产品的声学性能。

本书中，凡未特别说明者，消声器的消声量均指插入损失（IL）。

4.2 消声器分类及消声机理

消声器的种类很多，但究其消声机理，可以把它们分为 6 种主要类型，即阻性消声器、抗性消声器、阻抗复合式消声器、微穿孔板消声器以及小孔消声器和有源消声器。

4.2.1 阻性消声器

阻性消声器主要是利用多孔吸声材料来降低噪声的。把吸声材料固定在气流通道的内壁上，或使之按照一定的方式在管道中排列，就构成了阻性消声器。当声波进入阻性消声器时，一部分声能在多孔材料的孔隙中摩擦而转化热能耗掉，使通过消声器的声波减弱。阻性消声器就好像电学上的纯电路，吸声材料类似于电阻。在消声器中，吸声材料把声能转换成热能耗掉，在电路中电阻把电能转换成热能耗掉。由于人们对电学知识的普遍了解，因此把这种消声器定名为阻性消声器，同时，也称吸声材料为阻性材料，阻性消声器具有能在较宽的中高频范围内消声，特别是对于刺耳的高频声效果等优点。它的缺点是在高温、高速、水蒸气、含尘、油雾以及对吸声材料有腐蚀性的气体中，使用寿命短，消声效果差。另外，对于低频噪声，它的消声效果也不够理想。

阻性消声器的消声量与消声器的形式、长度、通道截面积有关，同时与吸声材料的种类、密度和厚度等因素也有关。

阻性消声器一般有管式、片式、蜂窝式、折板式和声流式等几种（如图4-1）。

4.2.1.1 管式消声器

管式消声器是将吸声材料固定在管道内壁上形成的，有直管式和弯管式，其通道可以圆形

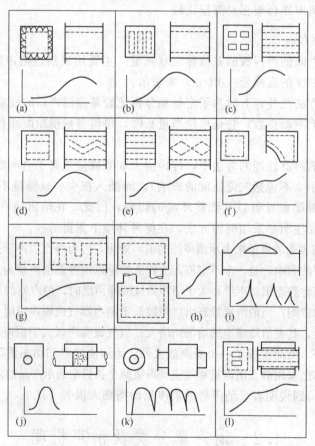

图 4-1　几种消声器及其频谱特性

(a) 直管式；(b) 片式；(c) 蜂窝式；(d) 折板式；(e) 声流式；(f) 弯头；
(g) 室式；(h) 消声箱；(i) 干涉型；(j) 共振式；(k) 扩张室式；(l) 阻抗复合式

的，也可以是矩形的。管式消声器，加工简易，空气动力性能好，适用于气体流量较小的情况。

直管式消声器的消声量计算较为简单，弯管式消声器的消声量可按表 4-1 的估计值考虑，表中的 d 是管径，λ 是声波的波长。

若声波频率与管子载面几何尺寸满足下列关系式。

$$f_止 < \frac{1.84c}{\pi d} \qquad (4-4)$$

式中 c ——声速，m/s；

d ——圆管直径，m。

$$f_止 < \frac{c}{2d} \qquad (4-5)$$

式中 d ——方管边长，m。

则此时声波在管中以平面波形式传授，相对于管中任意断面，声波是垂直入射的；当声波频率大于 $f_止$ 时，管中出现其他形式的波，应按无规入射考虑。

表 4-1　直角弯管式消声器的消声量估计值　　　　单位：/dB

d/λ	0.1	0.2	0.3	0.4	0.5	0.6	0.8	1.0
无规入射	0	0.5	0.5	7.0	9.5	10.5	10.5	10.5
垂直入射	0	0.5	3.5	7.0	9.5	10.5	11.5	12
d/λ	1.5	2	3	4	5	6	8	10
无规入射	10	10	10	10	10	10	10	10
垂直入射	13	13	14	16	18	19	19	20

当气体流量较大时，为了保持较小的流速，管道的断面就会增大，沿通道传播的声波（特别是波长很短的高频声波）与管壁上的附圆的吸声材料的接触机会就会减少，由此导致消声器的消声量降低。通常把反映消声量明显下降时的频率定义为上限失效频率，用 $f_上$（单位为 Hz）表示，即

$$f_上 = 1.8\frac{c}{d} \qquad (4-6)$$

式中 c ——声速，取 $c=340$m/s；

d ——通道截面边长的平均值，若通道是圆形断面，则取直径，m。

在高于 $f_上$ 的频率范围，消声器的消声量就会减小，关于消声量的计算详见本章的 4.3。

因此，为了避免上限失效频率的影响，当气体流量较大时，可以把消声器的通道分成若干个小通道，做成片式或蜂窝式消声器。这时每个通道的断面小了，消声器的上限失频率也就提高了。同时，消声器由一个通道增至若干个，使吸声材料的饰面表面积增加，因而消声器的消声量也增加，也就是说，消声器的消声性能得到了改善。

4.2.1.2　片式消声器

片式消声器是由一排平行的消声片组成，它的每个通道相当于一个矩形消声器，这种消声器的结构不复杂，中高频消声效果好，消声量一般为 15～20dB/m，阻力系数较小，约为 0.8。片式消声器的片间距离可 100～200mm，片厚可取 50～150mm，取各消声片厚度相等，间距相等。

这时，如果制作消声器的钢板隔声量足够，则可将片式消声器设计成如图 4-2 所示的结构。图 4-3(a) 是这种消声器的通道断面。可以证明，它的消声量与图 4-3(b) 所示的结构完全相同。

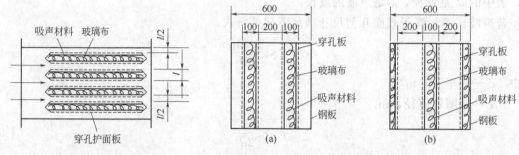

图 4-2 片式消声器   图 4-3 两种片式消声器的通道断面（单位：mm）

片式消声器的消声量与每个通道的宽度 a 有关，a 越小，ΔL 就越大，而与通道的数目和高度没有关系。但是，在通道宽度确定以后，数目和高度就对消声器的空气动力性能有影响。因此，流量增大以后，为了保证仍有足够的有效流通面积和控制流速，就需要增加通道的数目和高度。

4.2.1.3 蜂窝式消声器

蜂窝式消声器是由许多平行的小管式消声器并联而成的，见图 4-1 中的 (c)，其消声器设计计算与直管式消声器类似，因为每个小管都是互相并联的，所以只需计算一个单元小管的消声量，就可以表示整个消声器的消声量。蜂窝式消声器的单元通道应控制在 200mm×200mm 以内。蜂窝式消声器的优点是中高频消声效果好，并可以根据不同的适应范围，设计单元结构，按风量大小选取不同个数的单元进行组合，便于实现产品的系列化。但这种消声器的阻力损失较大，阻力系数一般在 1～1.5 之间。因此，蜂窝式消声器适用于控制大型鼓风机的气流噪声，在要求阻力严格的情况下不宜采用。

4.2.1.4 折板式消声器

折板式消声器是由片式消声器演变而来的，见图 4-1 中的 (d)。为了提高高频区的消声性能，把消声片做成弯折状。为了减小阻力损失，折角应小于 20°。声波在折板式消声器内往复多次反射，可以增加声与吸声材料的接触机会，因此使消声效果得到提高。但折板式消声器的阻力损失比片式的大，阻力系数一般在 1.5～2.5 之间，适用于压力和噪声较高的噪声设备（如罗茨鼓风机），低压通风机则不适用。

4.2.1.5 迷宫式消声器

在通风管系统中，可利用管道沿途的箱或室做成迷宫式消声器（也称室式消声器），见图 4-1 中 (g)，在隔声罩或声室的顶部，可设计沿顶部的室式消声器，见图 4-4。

图 4-1 中 (g) 所示消声器是用内隔板分割而成的，一般为 3～5 室，内壁敷设吸声材料。这种消声器使声波多次射入，并来回反射，因而消声量较大。

迷宫式（室式）消声器的气流速度不能过大，一般应控制在 5m/s 以下，适用于自然通风情况，否则会产生强大的气流再生噪声，使消声器失效。另外，它的阻力损失也较大，可参见表 4-2。

4.2.1.6 声流式消声器

声流式消声器是由片式和折板式发展而成的，见图 4-1 中（e）。这种消声器把吸声材料做成正弦波状，或流线和菱形，这样不但使声波由于反射次数增加和对某些频率产生吻合效应从而改善吸声性能，而且还使气流能较为通畅地通过，从而可达到高消声、低阻损的要求。声流式消声器的阻力系数介于片式和折板式消声器之间，适用于大断面的流通管道，对高频噪声有良好的消声作用。但它的缺点是加工复杂，造价较高。

表 4-2 几种阻性消声器的阻力损失比较

消声器类型	消声器长度/mm	风速/(m/s)	阻力损失/Pa
片式消声器	2400	5.1	12
蜂窝式消声器	2400	5.0	18
声流式消声器	2400	5.0	20
折板式消声器	2400	5.0	24
迷宫式消声器	1800	5.1	110

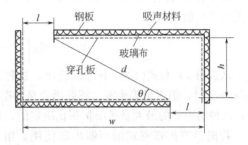

图 4-4 室式消声器

4.2.2 抗性消声器

抗性消声器与阻性消声器的消声机理是完全不同的，它的特点是没有敷设吸声材料，因而不能直接吸收声能。抗性消声器是由突变界面的管和室组合而成的，好像是一个声学滤波器，与电学滤波器相似，每一个带管的小室是滤波器的一个网孔，如图 4-5 所示。

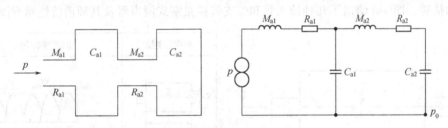

图 4-5 抗性消声器的电声类比

管中的空气质量相当于电学中的电感和电阻，用 M 和 R 表示。小室中的空气质量相当于电学中的电容，称为声顺，用 C 表示。不同的管和室组合，相当于不同的声质量、声阻和声顺组合。与电学滤波器类似，每一个带管的小室都有自己的固有频率。当包含有各种频率成分的声波进入第一个短管时，只有在第一个网孔固有频率附近的某些频率的声波才能通过网孔到达第二个短管口，而另外一些频率的声波则不可能通过网孔，只能在小室中来回反射，因此我们称这种对声波有滤波功能的结构为声学滤波器，选取适当的管和室进行组合，就可以滤掉某些频率成分的噪声，从而达到消声的目的。

抗性消声器适用于消除中、低频噪声，主要有扩张室式和共振式两种型。

4.2.2.1 扩张室式消声器

扩张室式消声器也称膨胀式消声器，是利用管道横断面的扩张和收缩引起的反射和干涉来进行消声的。

单节扩张室式消声器是由连管和扩张室组成的，如图 4-6 所示。它的消声量 ΔL（单位为

dB) 为

$$\Delta L = 10\lg \frac{1}{4}\left[\left(1+\frac{m}{m_2}\right)^2\cos^2 nl + \left(m+\frac{1}{m_2}\right)^2\sin^2 nl\right] + 10\lg\left(\frac{m_2}{m_1}\right) \tag{4-7}$$

式中　　　l ——扩张室的长度，单位为 m；

m，m_1，m_2 ——扩张比，$m=S_2/S_1$，$m_1=S/S_1$，$m_2=S/S_2$；

　　　　n ——波数，$n=\dfrac{2\pi f}{c}$。

　　通常把扩张室式消声器的出口和入口管径设计为同样尺寸，即 $m=m_1=m_2$，此时式(4-7) 就变成

$$\Delta L = 10\lg\left[1+\frac{1}{4}\left(m-\frac{1}{m}\right)^2\sin^2 nl\right] \tag{4-8}$$

　　从式(4-7) 和式(4-8) 中可以看出，这种消声器的频率特性是由室长决定的，当正弦函数 $\sin2nl=1$ 时，消声量等于零。正弦函数是周期性函数，因此消声量和频率的关系也呈周期性。另外，这种消声器的最大量是由扩张比决定的，在一定范围内，消声量随扩张比的增大而增大。

　　若把单节扩张室式消声器串联使用，组合成多节扩张室式消声器，则可以增加消声量，若各单扩张室采用不同的长度，并将扩张室的入口管和出口管分别插入扩张室内，则可以使各节扩张室的频率互相错开，从而避免出现某些频率附近根本不消的现象，改善消声器的频率特性，这种插管的方法，最常用是一根插入管插入扩张室长度的二分之一、另一个插入扩张室长度的四分之一，如图 4-7 所示。

　　多节扩张室式消声器总的消声量，其比较准确的理论计算方法极为复杂，很难找出一个简单的表达式，因此，一般可以按各节单独使用的消声量与频率的关系画出曲线，然后用图解法作粗略的估算。图 4-8 给出了几种插入管和旁支管扩张室式消声器及其频谱特性示意图。

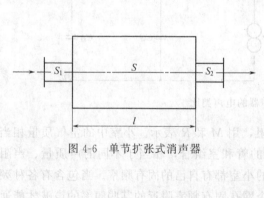

图 4-6　单节扩张式消声器

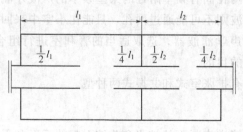

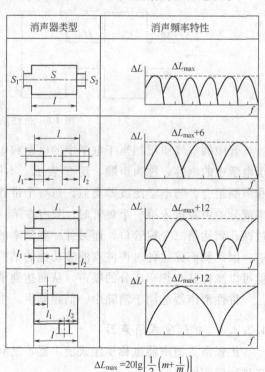

图 4-7　带内插管的双节扩张式消声器　　　图 4-8　几种扩张室式消声器及其频谱特性示意图

上述扩张室式消声器，因为其截面是突变的，所以局部阻力损失较大。为了减小阻力损失，可将内插管用穿孔率高于20%的穿孔连接起来，见图4-9。这种结构对消声性能没有多少影响，却可以大大改善空气动力性能，使阻力损失远小于前者。

扩张室式消声器多用于消低频脉噪声（如空压机、排气口、发动机排气管道等）。管道直径不宜过大，超过400mm时可采用多管式。

4.2.2.2 共振式消声器

最简单的共振式消声器是单腔共振式消声器。在一段气流通道的管壁上开若干个小孔，并与外面密闭的空腔相通，小孔和密闭的空腔就组成了一个共振式消声器，如图4-10所示。

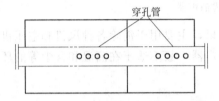

图4-9 用穿孔管把内插管连接起来

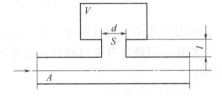

图4-10 单腔共振式消声器结构示意图

共振式消声器的消声原理和穿孔共振结构的相似，内管上小孔孔颈中具有一定质量的空气片，即声质量，它在声波的作用下，好像活塞一样作往复振动。由于惯性作用，声质量能抗拒运动的变化，就像电学上的电感元件抗拒电流变化一样；一定容积的空腔像空气弹簧，可以充气、放气，即声顺，它抗拒颈端口的压力变化，就像电学上的电容元件，可以充电、放电而抗拒电压变化一样；空气柱振动时的摩擦和阻力，使一部分声能转变为热能，类似于电学上的电阻作用，即声阻。单腔结构的声阻很小，可以忽略不计，只考虑抗性元件作用。这样，声质量和声顺就构成了声振动系统，就像电学上的电感和电容构成的谐振电路一样（见图4-5）。

当外界声波的频率与共振式消声器的固有频率相同时，这个系统会产生共振，此时振动幅值最大，孔径中的气体运动速度也最大，摩擦和阻力的存在使大量的声能转变为热能，从而达到消声的目的，由此可见，共振式消声器与扩张室式消声器的不同之处在于，前者在固有频率附近有最大的消声量，而后者却在其固有频率附近几乎不消声。

共振式消声器气流通道的截面积，主要应根据空气动力性能的要求选定。在一般情况下，对于单通道，直径应小于250mm。当气流流量加大需用多通道时，每个通道的宽度可取100～200mm，另外，共振式消声器必须满足以下几个条件。

（1）共振腔的长、宽、高（或深度）尺寸，都要小于共振频率的1/3波长。

（2）穿孔段长度不应大于共振频率的1/12波长，而且穿孔要尽量集中在共振腔的中部，呈均匀分布。

共振式消声器适用于消除噪声中特别强烈的低中频峰值频率成分。

4.2.3 阻抗复合式消声器

阻性消声器在中高频范围内有较好的效果，而抗性消声器可以有效地降低中频噪声。若取这两种消声器结构的优点，就能够获得在较宽的频率范围内令人满意的消声效果。把阻性结构和抗性结构按照一定的方式组合起来，就构成了阻抗复合消声器。常用的阻抗复合式消声器有阻-扩复合式、阻-共复合式、阻-共-扩复合等。根据阻性和抗性两种消声原理，可以组合出各式各样的阻抗复合式消声器。

阻抗复合消声器由既有吸声材料，又有共振、扩张室等的声学滤波元件组成，消声原理可以定性地认为是阻性和抗性各自消声原理的结合。但是由于声波的波长比较长，因此当消声器以阻抗的形式复合在一起时，就会出现声的耦合作用，互相产生影响，因此不能看做是简单的叠加关系。图 4-11 给出几种阻抗复合消声器。图 4-11(a) 所示的消声器是典型的阻抗复合式消声器。

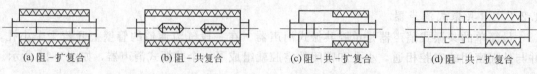

(a)阻－扩复合　　　(b)阻－共复合　　　(c)阻－共－扩复合　　　(d)阻－共－扩复合

图 4-11　几种阻抗复合式消声器

阻抗复合式消声器具有宽频带、高吸收的消声效果，主要用于消除各种风机和空压机的噪声。但由于阻性段有吸声材料，因此阻抗复合式消声器一般不适于在高温和含尘等的环境中使用。

4.2.4　微孔板消声器

微孔板消声器是阻抗复合式消声器的一种特殊形式，微孔板吸声结构本身就是一个既有阻性又有抗性的吸声元件，把它们进行适当的组合的排列，就构成了微孔板消声器。

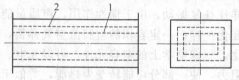

图 4-12　双微孔板消声器
1—第一层微孔板；2—第二层微孔板

微孔板结构可以用一个交流电路来模拟。在声学上，微孔板相当于一个声阻和一个声质量，可以等效于电路中的一个电阻和一个电感；微孔板后的空腔，相当于一个声顺，可以等效于电路中的电容，由理论分析可知，声阻与穿孔板上的孔径成反比，由于微孔板上的孔径很小，所以它的声阻很大，当声波射入时，可以有效地消耗一部分声能。与由电阻、电感和电容组成的交流电路相似，由声阻、声质量和声顺组成的系统，也有固有频率。微孔板吸声结构的固有频率正是由声阻、声质量和声顺决定的。选择微孔板上的不同穿孔板率和板后不同的腔深，就可以控制消声器的频谱性能，使其在较宽的或需要的频率范围内获得良好的消声效果。图 4-12 是一种双微孔板消声器。

4.2.5　小孔消声器

小孔消声器是一根直径与排气管直径相等、末端封闭的管子，管壁上钻有很多小孔，是降低气体排放时产生的噪声的一种消声器。其原理是以喷气噪声的频谱为依据的，图 4-13 给出几种不同喷孔孔径 d_0 的喷气噪声的频谱特性。如果保持喷口的总面积不变而用很多个小喷口来代替，则当气流经过小孔时，喷气噪声的频谱就会移向高频或超高频。使频谱中的可听声成分显著降低，从而减少噪声对人的伤害。一般的工业排气中，排气管的直径从几厘米到几十厘米，峰

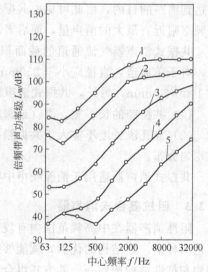

图 4-13　不同喷孔孔径的倍频带功率
1—d＝20.08mm；2—d＝11.08mm；
3—d＝4.15mm；4—d＝2mm；5—d＝1mm

值频率较低，辐射的噪声主要在可听声的频率范围内。小孔消声器的小孔直径一般为1mm，峰值频率较排气管喷气噪声的峰值频率要高几十倍。因此，在排气管上安装小孔消声器，可把排气产生的噪声频率移向高频范围。

为了使得安装小孔消声器后能不影响排气效率，一般要求小孔的总面积等于排气管管口面积的1.5～2.0倍。另外，小孔消声器上的小孔之间应有足够大的距离，这时，各个小孔的喷气才能被看做是独立的，否则小孔消声器的消声量就会减少。

小孔消声器具有体积小、重量轻和消声能力大的特点。在应用方面，其主要用来控制空气压缩机及锅炉排气、钢铁企业的高炉放风等产生的噪声。

4.2.6 有源消声器

有源消声器（也称电子消声器）是一套仪器装置，它主要由传声器、放大器、相移装置、功率放大器和扬声器等组成。传声器将接收到的声压转变为相应的电压，通过放大器把电压放大到相移装置所要求的输入电压，然后经相移装置把这个电压的相位改变180°，再送给功率放大器，功率放大后的电压经扬声器又转变为声压，这时的声压与原来的声压正好是大小相等而相位相反，这两个声压彼此相互抵消，就形成了噪声抑制区。

有源消声器其实就是在原来的噪声场中，利用电子设备再产生一个与原来的声压大小相等、相位相反的声波，即反噪声，使其在一定的声场相抵消。

到目前为止，由于噪声场中各点的声压大小和相位差别很大，变化也很大，因此有源消声器除了在较小的范围内用于降低简单稳定的声源（如大压变压器站，大加压站等）的噪声以外，并未得到普遍应用。把有源消声器广泛应用于工业噪声控制，还有很多问题尚未解决，但随着现代化科学技术的发展，它的应用前途必然是十分广阔的。

4.3 消 声 设 计

4.3.1 消声设计原则及方法

消声设计适用于降低空气动力性机器、设备的噪声。凡这些空气动力机械设备（如鼓风机、通风机、压缩机及各种排气放空设备等）辐射噪声超过国家有关标准规定，都应设计安装与其相匹配的消声器。

设计安装消声器是控制气流噪声通过管道等介质障碍向外传播的重要措施。虽然消声器种类很多，但在进行具体设计安装时，除了要自身的特点，还必须始终遵循总的设计原则和方法。

4.3.1.1 设计原则

消声器的设计主要有四个原则，具体如下。

(1) 根据噪声源所需要的消声量、空气动力性能要求以及空气动力设备管道中的防潮、耐油、防火、耐高温等要求，选择消声器的类型。

① 对低、中频为主的噪声源（如离心通风机等），可采用阻性或阻抗复合式消声器；

② 对带宽噪声源（如高速旋转的鼓风机、燃汽轮机等），可采用阻抗复合时消声器或微孔板消声器；

③ 对脉动性低频噪声源（如空燃机、内燃机等），可采用抗性消声器或微孔板消声器；

④ 对高压、高速排气放空噪声，可采用小孔消声器；

⑤ 对潮湿、高温、油雾、有火焰的空气动力设备，可采用抗性消声器或微孔板消声器。

（2）根据噪声源空气动力性能的要求，考虑消声器的空气动力性能，把消声器的阻力损失控制在能使该机械设备正常工作的范围内。

（3）设计消声器时，应考虑消声器可能产生的气流再生噪声的影响，使消声器的气流再生噪声级低于该环境允许的噪声级。

（4）为了降低消声器的阻力损失和气流再生噪声，保证消声器的正常使用，必须降低消声器和管道中的气流速度。对于空调系统，主管道中和消声器内的流速应控制在 10m/s 以下。对于内燃机进、排气消声器中的气流速度，一般应控制在 50～60m/s 以下。鼓风机、压缩机、燃气轮机进、排气消声器中的气流速度，应控制在 30m/s 以下。周围无工作人员的高压高速排气放空消声器，气流速度应限制在 60m/s 以下。

此外，消声器的设计还应考虑到隔声及坚固耐用，并使其体积大小与空气动力机械设备相匹配。

4.3.1.2 设计方法

设计消声器时，必须首先查找、估算及测量要求做消声处理的空气动力机械设备的噪声数据（A 声级和倍频带声压级等），并确定辐射噪声的部位和传播噪声的主要途径，从而选择消声器安装的最佳位置。

然后再根据国家有关标准的具体要求，确定允许噪声的标准数值，计算消声器所需要的消声量。

最后根据所需要的消声量、空气动力性能以及其他要求，确定消声器的类型，设计出符合要求的消声器。

消声器的设计可按表 4-3 进行计算。

表 4-3 消声器设计计算表

项　　目	A 声级 /dB	倍 频 程 声 压 级 /dB						
		63	125	250	500	1000	2000	4000
机械设备噪声								
设备传至控制点的噪声								
控制地点允许噪声								
消声器所需消声量								
消声器的设计消声量								
消声后的噪声								

4.3.2 阻性消声器

阻性消声器是用吸声材料安装在气流通道内制作而成的。当噪声沿着吸声管道传播时，声波便"分散"到多孔的吸声材料里，激发材料中无数小孔内的空气分子振动，由于摩擦和黏滞阻力，使声能变成热能，从而达到消声的目的。

当噪声呈中高频宽带特性时，可采用阻性形式，其消声量可用下式计算。

$$\Delta L = \varphi(\alpha)\frac{Pl}{S} \tag{4-9}$$

式中　ΔL ——消声量，dB；

$\varphi(\alpha)$——消声系数，一般可取表 4-4 的值；

　　l ——消声器的有效部分长度，m；

　　P ——消声器的通道断面周长，m；

　　S ——消声器的通道有效横断面积；m^2。

　　由此可以看出，材料吸收性能越好，管道越长，消声量就越大。在设计阻性消声器时，应当尽可能选用吸声系数高的材料，同时必须详细计算通道各部分的尺寸。

表 4-4　几种材料的消声系数

α	0.1	0.2	0.3	0.4	0.5	0.6	0.7	0.8	0.9	1.0
$\varphi(\alpha)$	0.1	0.25	0.40	0.55	0.7	0.9	1.0	1.2	1.5	1.5

　　设计阻性消声器时，应注意高频失效的影响。对于小风量的细管道，可以选用直管式消声器，但对于风量较大的粗管道，就必须采用多通道形式。

　　【例 4-1】　某高炉排气通道所产生的噪声达到 100dB 以上，进行消声处理。若要求处理后的噪声低于 85dB，且消声长度不得超过 4m，则所需吸声材料的吸声系统 α_0 应确定为多少？（通道直径 $d=1.2$m）

　　解：对于气流降噪，一般选用阻性消声器。

　　故由式(4-9)进行计算。

　　因为 $\Delta L=\varphi(\alpha)\dfrac{Pl}{S}$，所以 $\varphi(\alpha)=\dfrac{\Delta L S}{Pl}=\dfrac{\Delta L\dfrac{\pi d^2}{4}}{\pi d l}=\dfrac{\Delta L d}{4l}=\dfrac{(100-85)\times1.2}{4\times4}=1.1$

　　查表 4-4，取 $\alpha_0=0.8$。

4.3.2.1　阻性消声器的设计步骤

　　(1) 确定消声器的结构形式；

　　(2) 选用合适的吸声材料；

　　(3) 确定消声器的长度；

　　(4) 合理选择吸声材料的护面结构；

　　(5) 根据高频失效和气流再生噪声的影响，验算消声效果。

4.3.2.2　阻性消声器结构形式的选择

　　(1) 当管道直径不大于 300～400mm 时，可选用单通道直式消声器。

　　(2) 当管道直径大于 400mm 时，可选用片式消声器，片式消声器的片间距值取 100～200mm，片厚值取 50～150mm；通常使片厚与片距相等。片式消声器的 A 级消声量可按 15dB/m 估算；其阻力系数可取 0.8。

　　(3) 当需要获得比片式消声器更高的高频率消声量时，可选用折板式消声器，它适合用于压力较高的高噪声设备消声（如罗茨鼓风机等）。折板式消声器消声片的弯折，应选用视线不能透过为原则，折角不宜超过 20°，其 A 级消声量可按 20dB/m 估算；其阻力系数，可取为 1.5～2.5。

　　(4) 当需要获得较大消声量和较小损失时，可选用消声通道为正弦波形流线或菱形的声流式消声器。其阻力系数可利用在片式与折式板消声器之间选取。

　　(5) 在通风管道系统中，可利用沿途的箱室设计式消声器（即迷宫式消声器）。通常，用割断的小室数取 3～5 个。室式消声器内的流速宜小于 5m/s。

（6）对风量不高的通风系统，可选用消声弯头，其气流速度宜小于 8m/s。

（7）阻性管式消声器，一般来说结构简单，尺寸小，压力损耗小，适合用于风道截面积较小的场合，如果风道截面积较大，由于高失效频率的影响，则考虑采用其他形式消声器。

4.3.3 抗性消声器

4.3.3.1 扩张式消声器

当噪声明显为低中频和脉动特性时，或气流通道内不应使用吸声材料时，比如空气压缩机进排气口，发动机排气口管道等可选用扩张式消声器。

（1）程序设计

① 根据需要的消声频率特性，合理的分布最大消声频率，即合理的设计各节扩张率的长度及其插入管的长度。

② 根据需要的消声量，确定扩张比 m 设计扩张室部分尺寸。

③ 验算所设计扩张室式消声器的上下截率是否在所需要消声的频率范围之外，如不符合则重新修改方案。

（2）消声量　扩张室式消声器消声量取决于扩张比 m 与扩张室的长度 l，具体可由式 (4-8) 计算。提高消声量，可通过增加扩张比 m，改变室长 l 的方法来调节。

（3）消声器设计　在进行消声器的具体设计时，应注意以下几方面。

① 采用多节扩张室式消声器串联的方法来增大消声室时，各节扩张室的长度设计为不相等的数值，使它们的通过频率互相错开。

② 为了获得更高的消声效果，通常几节不同长度的扩张室串联的同时每节扩张室内分别插入内接管，其长度分别等于室长的 1/2 与 1/4。为了改善消声器的空气动力性能，通常穿孔率大于 25% 的穿孔管同扩张室的插入管连接起来。

③ 扩张室消声器的内管管径不宜过大，管径超过 400mm，可采用多管式消声器。

④ 扩张室消声器属于抗性消声器，具有良好的低频消声性能，耐高温，常在通风或内燃机排气消声器中使用。但由于消声频带窄，对中高频消声差，工程中常与阻性消声器组合成阻抗复合式消声器使用。

4.3.3.2 共振式消声器设计

单腔共振式消声器的消声量可用式 (4-10) 近似计算（当忽略共振器声阻时）。

$$\Delta L = 10\lg \left[1 + \left(\frac{\frac{\sqrt{GV}}{2S}}{\frac{f_0}{f} - \frac{f}{f_0}} \right)^2 \right] \qquad (4\text{-}10)$$

式中　S——气流通道的截面积，m^2；

　　　V——共振腔体积，m^3；

　　　G——通导率，m；

$$G = \frac{S}{t + \frac{\pi}{4} d_0}$$

式中　t——小孔颈长，m；

d_0——小孔孔径，m；

f——声波频率，Hz；

f_0——消声器固有频率，Hz；

$$f_0 = \frac{c}{2\pi}\sqrt{\frac{S_0}{Vl}}$$

式中 c——声速，m/s；

S_0——孔径的截面积，m^2；

l——径长，对穿孔板即为板厚，m。

单通道共振式消声器，其通道直径不宜超过 250mm，对大流量系数可采用多通道，每一通道宽度可取 100～200mm。

共振腔消声器的几何尺寸（长、宽、高）都应小于共振频率之波长的 1/3，穿孔位置应集中在共腔中部均匀分布，穿孔部分长度不宜超过共振频率波长的 1/2。此种消声器也有高频率失效问题。

当声波波长频率大于共振腔消声器的最大尺寸 3 倍时，其共振吸收频率（固有频率）为

$$f_r = \frac{c}{2\pi}\sqrt{G/V} \tag{4-11}$$

（1）改善共振腔消声器的方法

① K 值越大，则消声量越大，应尽量选定较大的 K 值。

② 增加共振腔的摩擦阻力。

③ 采用多节共振腔串联。

（2）共振腔消声器设计步骤

① 根据降低噪声要求，确定共振频率和频带的消声量，而后，求出相应的 K 值。

② 当 K 值确定后，可用式(4-12)求出 V、G 使之满足 K 值。

$$K = \frac{\sqrt{GV}}{2S} \tag{4-12}$$

③ 当共振腔消声器的体积 V 和通导率 G 确定后，就可以设计消声器具体结构尺寸；对于某一确定 G，有多种孔径、板厚和穿孔的组合；对于某一确定的 V 值，可以有多种共振腔形状和尺寸。

式(4-10) 计算的是单一频率的消声量。在实际过程中的噪声源多是连续的宽带噪声，常需计算在某一频率内的消声量，此时式(4-10) 可变形为

对于倍频带： $\Delta L = 10\lg(1+2K^2)$ $\tag{4-13}$

对于 1/3 倍频带： $\Delta L = 10\lg(1+19K^2)$ $\tag{4-14}$

【例 4-2】 欲在一管径为 200mm 的常温气流管道上，设计一单腔共振消声器，要求在 250Hz 的倍频带上有 15dB 的消声量。

解：由题意知，通流面积为

$$S = \frac{\pi d_1^2}{4} = \frac{\pi \times 0.2^2}{4} 0.0314 \ (m^2)$$

由式(4-13) 并代入 $\Delta L = 15dB$，得到 $K = 3.913 \approx 4$

由式(4-11) 和式(4-12) 导出

$$V=\frac{cKS}{\pi f_r}=\frac{340\times4\times0.0314}{\pi\times250}=0.054 \text{ （m}^3）$$

$$G=\left(\frac{2\pi f_r}{c}\right)^2V=\left(\frac{2\pi\times250}{340}\right)^2\times0.054=1.15 \text{ （m）}$$

设计取与原管道同轴的圆筒形共振腔，内径 200mm，外径为 500mm，则共振腔的长度为

$$L=\frac{4V}{\pi(d_2^2-d_1^2)}=\frac{4\times0.054}{\pi(0.6^2-0.2^2)}=0.21 \text{ （m）}$$

若选用厚度为 2mm 的钢板，孔径 d_0 取 0.5mm，则开孔数为

$$n=\frac{G\left(t+\frac{\pi}{4}d_0\right)}{S_0}=\frac{1.15\times\left(0.002+\frac{\pi}{4}\times0.006\right)}{\frac{\pi}{4}\times0.006^2}=273 \text{ （个）}$$

验算

$$f_r=\frac{c}{2\pi}\sqrt{G/V}=\frac{340}{2\pi}\sqrt{1.15/0.054}=250 \text{ （Hz）}$$

$$f_{\text{上}}=1.8\frac{c}{d}=1.8\times\frac{340}{0.6}=1020 \text{ （Hz）}$$

可见，在所需消声范围内，不会出现高频失效问题。

*4.3.4 阻抗复合式消声器

4.3.4.1 使用范围

阻抗复合式消声器适用于底、中、高频高强频带的噪声，此种消声器同时具有阻性和抗性消声器的优点。其消声量可用下式估算

$$\Delta L=10\lg\left\{\left[\cosh\frac{\sigma l}{8.7}+\frac{1}{2}\left(m+\frac{1}{m}\right)\sinh\frac{\sigma l}{8.7}\right]^2+\cos^2nl+\right.$$
$$\left.\left[\sinh\frac{\sigma l}{8.7}+\frac{1}{2}\left(m+\frac{1}{m}\right)\cosh\frac{\sigma l}{8.7}\right]^2+\sin^2nl\right\} \qquad (4\text{-}15)$$

式中　σ——粗管中吸声材料每单位长度引起的声衰减，dB/m；

　　　n——波数；

　　　l——粗管的长度，m；

　　　m——扩张比，$m=S_2/S_1$；

S_2，S_1——分别为细管与粗管的横截面积，m^2。

由此可见，阻抗复合消声器的消声量并不是式(4-8) 和式(4-9) 的简单相加。

4.3.4.2 阻性-扩张室复合消声器

消声器的阻性部分就设在扩张室的插管上，而未单独设计阻性段，主要用于消除风机等设备的高频噪声，消声效果约为 20dB（A）。阻性部分由两节和多节不同长度的扩张室串联组成，主要用于消除低中频噪声，一般说有 10～20dB（A） 的效果。阻性和抗性复合在一起，可在低中高频范围内获得良好的消声效果，一般用在风机进出气口上。

4.3.4.3 阻性-共振腔复合消声器

消声器的阻性部分是以泡沫塑料为吸声材料，粘贴在消声器通道的周壁上，用来消除压

缩机噪声等中高频成分。抗性段设置在通道中间，由具有不同消声频率的几对共振腔串联组成。其消声值在 20～30dB(A)，在低、中、高频的宽广范围上都有较好的消声性能。共振腔消声器作用原理是由管道穿孔与背后的空腔组成一共振腔，通过共振腔吸收掉管道中传播的声能量。

4.3.4.4 阻性-共振腔-扩张室复合消声器

此消声器的阻性部分以多孔材料作吸声体，粘贴在消声器通道周壁上，阻性部分由共振腔和扩张室组成，它根据阻性与抗性两种不同的消声原理，结合具体的噪声源特点和现场情况，通过不同的方式恰当地进行组合，把抗性和阻性的特点集于一体，广泛应用于消除高声强宽频带噪声和高、中、低频噪声。

*4.3.5 微穿孔板消声器

微穿孔板消声器是利用微穿孔板吸声结构原理制成的消声器，选用穿孔板上不同穿孔率与板后不同组合，就可以在较宽的频率范围内获得良好的消声效果。

4.3.5.1 结构形式

如果要求阻损小，一般可设计成直通道形式；如果允许有些阻损，则可采用声流式或多室式。

4.3.5.2 特点

(1) 此种消声器可用纯金属板制作，因而可在有水汽和有短暂火焰条件下使用，又可在腐蚀严重的条件下使用。

(2) 微穿孔板上的孔径小，外表整齐下滑，因此，其空气动力性能不好，可在流速较高的气流冲击或阻损较少的机器设备上，其压力损失必须控制在很小的值；

(3) 此种消声器省去了玻璃之类的多孔性吸声材料而又需要在宽频带范围内具有比较高的消声量，它没有玻璃纤维粉屑，清洁卫生，可在要求干净的医药食品等行业使用。

微穿孔板消声器是近年来研制出的一种新型消声器，它的有关理论和计算方法还很不完善。这种消声器的消声量可按阻性消声器计算。管式或片式微穿孔板消声器在流速较低时，其压力损失可忽略不计。当流速为 15m/s 时，管式消声器的压力损失可粗略取为 10Pa。为了防止在微穿孔板空腔内沿管长方向声波的传播，应在板后空腔中加横向挡板或十字型隔板，加板的间距为 0.3～0.5m。一般地说，这种消声器的消声量可以达到 20dB 以上，在声波垂直入射时，消声效果较好，在掠入射时，高频消声效果较差，在高速气流的冲击下，微穿板由于强度较低，容易裂成碎片。因此，对使用微穿孔板消声器时，应作全面考虑。

4.4 消声器的选用与安装

4.4.1 消声器的选用

消声器的选用一般应考虑以下五个因素。

4.4.1.1 噪声源特性分析

在具体选用消声器时，必须首先弄清楚需要控制的是什么性质的噪声源，是机械噪声、电磁噪声，还是空气动力性噪声。消声器只适用于降低空气动力性噪声，对其他噪声源是不适用的。空气动力性质不同，可分为低压、中压和高压；按其流速不同，可分为低速、中速和高速；按其输送气体性质的不同，可分为空气、蒸汽和有害气体等。应按不同性质、不同类型的噪声源，有针对性地选用不同类型的消声器。噪声源的声级高低及频谱特性各不同，消声器的消声性能也各不相同，在选用消声器前应对噪声源进行测量和分析。一般测量 A 声级、C 声级、倍频程或 1/3 倍频程频谱特性。根据噪声源的频谱特性和消声器的消声特性，使两者相对应，噪声源的峰值频率应与消声器最理想、消声量最高的频段相对应。这样，安装消声器后，才能得到满意的消声效果。另外，对噪声源的安装使用情况，周围的环境条件，有无可能安装消声器，消声器装在什么位置等等，事先应有个考虑，以便正确合理地选用消声器。

4.4.1.2 噪声标准确定

在具体选用消声器时，还必须弄清楚应该将噪声控制在什么水平上，即安装所选用的消声器后，能满足何种噪声标准的要求。因此，在设计消声量时，必须参照国家的有关标准。我国已制定和正在制定的噪声标准很多，详见本书附录。

4.4.1.3 消声量计算

按噪声源测量结果和噪声允许标准的要求来计算消声器的消声量。消声器的消声量，过高过低都不恰当。过高，可能达不到，或提高成本，或影响其他性能参数；过低，则达不到要求。例如，噪声源 A 声级为 100dB，噪声允许标准 A 声级为 85dB，则消声量至为 15dB (A)，消声器的消声量一般指 A 声级消声量或频带消声量。在计算消声量时要考虑因素的影响：第一，背景噪声的影响，有些待安装消声器的噪声源，使用环境条件较差、背景噪声很高或有多种声源干扰。这时，对消声器的要求不一定太苛刻，噪声源消声器的噪声略低于背景噪声即可。第二，自然衰减量的影响，声波随距离的增加而衰减。例如，点声源、球面声波、在自由声场，其衰减规律符合反平方律，即离声源距离增加一倍，声压级减小 6dB。在计算消声量时，应减去从噪声源控制区沿途的自然衰减量。

4.4.1.4 选型与适配

正确地选型是保证获得良好消声效果的关键。如前所说，应按噪声源性质、频谱、环境的不同，选择不同类型的消声器。例如，风机类噪声，一般可选用阻性或阻抗复合声器；空压机、柴油机等，可选用抗性或以抗性为主的复合型消声器；锅炉蒸汽放室温、高压、高速排气放空，可选用新型节流减压及小孔喷注消声器；对于风景特别大或通道面积很大的噪声源，可以设置消声房、消声器坑、消声塔或以特制消声元件组成的消声器。

消声器一定要与噪声源相匹配，例如，风机安装消声器后既要保证设计要求的消声量能满足风量、流速、压力损失等性能要求。一般来说，消声器的额定风量应等于或稍大于风机的实际风量。若消声器不是直接与风机进风管道相连，而是安装在密封隔声室的进风处消声器设计风量必须大于风机的实际风量，以免密封隔声室内形成负压。消声器的风速应等于或小于风机实际流速，防止产生过高的再生噪声。消声器的阻力应小于或等于允许阻力。

4.4.1.5 综合治理、全面考虑

安装消声器是降低空气动力性噪声最有效的方法，但不是唯一的措施。如前所说，消

器只能降低空气动力设备进排气口或沿管道传播的噪声，而对该设备的机壳、管壁等辐射的噪声效果较差。因此，在选用和安装消声器时应全面考虑，按噪声源的分布传播途径、污染程度以及降噪要求等。采取隔声、隔振、吸声、阻尼等综合治理措施，才能获得较理想的效果。

4.4.2 消声器的安装

消声器的安装一般应注意以下几个问题。

(1) 消声器的接口要牢靠　消声器往往是安装于需要消声的设备上或管道上，消声器与设备或管道的连接一定要牢靠，较重大的消声器应支撑在专门的承重架上，若附于其他管道上，应注意支撑位置的牢度和刚度。

(2) 在消声器上加接变径管　对于风机消声器，为减小机械噪声对消声器的影响，消声器不应与风机接口直接连接，应加设中间管道。一般情况下，该中间管道长度为内机接口直径的 3～4 倍。当所选用的消声器接口形状尺寸与内机接口不同时，可考虑在消声器前后加接变径管。在设计时，一般变径管的当量扩张角不得大于 20°。

(3) 应防止其他噪声传入消声器的后端　消声设备的机壳或管道辐射的噪声有可能传入消声器后端，致使消声效果下降，因此，必要时可在消声器外壳或部分管道上做隔声处理。例如消声器法兰和风机管道法兰连接处应加弹性垫并注意密闭，以免漏声、漏气或刚性连接引起固体传声。在通风空调系统中，消声器应尽量安装于靠近使用房间的地方；排气消声器应尽量安装在气流平稳的管段。

(4) 消声器安装场所应采取防护措施　消声器露天使用时应加防雨罩；作为进气消声使用时应加防尘罩；含粉尘的场合应加滤清器。一般的通风消声器，通过它的气体含尘量应低于 $150\mathrm{mg/m^3}$，不允许含水雾、油雾或腐蚀性气体通过，气体温度不应大于 $150℃$，在寒冷地区使用时，应防止消声器孔板表面结冰。

(5) 消声器片间流速应适当　对于风机消声器片间平均流速，通常可选为等于风机管道流速。用于民用建筑，消声器片间平均流速常取 $3～12\mathrm{m/s}$；用于工业方面，消声器片间平均流速可取 $12～25\mathrm{m/s}$，最大不得超过 $30\mathrm{m/s}$。流速不同，消声器护面结构也不同。当平行流速小于 $10\mathrm{m/s}$ 时，多孔材料的护面可用布或金属丝网；当平行流速为 $10～23\mathrm{m/s}$ 时，可采用金属穿孔板护面；当平行流速为 $23～45\mathrm{m/s}$ 时，可采用金属穿孔板和玻璃丝布护面；当平行流速为 $45～120\mathrm{m/s}$ 时，应采用双层金属穿孔板和钢丝棉护面，穿孔率应大于 20%。

阅读材料

无声海狼——"穿消声瓦"的潜艇

见过现代潜艇的人，恐怕都会为其中一些潜艇身上加穿一件黑色的厚"外衣"而感到好奇；如果有机会登上潜艇，再近看这件"外衣"会进一步发现它塑料不像塑料，海绵不像海绵；要是剥落几块，往往变得斑斑驳驳，煞是难看！那么这件"外衣"究竟是用什么材料做成的呢？潜艇又为什么要穿这么一件"外衣"呢？

这件"外衣"的学名叫"消声瓦"。由于俄罗斯海军应用得最普遍，因而不少人都认为，是俄罗斯海军最先发明并给潜艇穿上这件"外衣"——消声瓦的。实际上，最早给潜艇穿

"外衣"的是德国海军。在第二次世界大战中德国海军大量地建造潜艇（到第二次世界大战结束时共建造潜艇1000多艘），并疯狂地使用"狼群战术"，在很长一段时间内几乎掐断了欧美海上运输线，险些扼杀了其经济命脉。为了对付潜艇，英美等国迅速、全力批量建造水面战舰进行护航和反潜。到第二次世界大战末期德国潜艇损失急剧增加。德国海军为了挽回败局，减少被对方发现的概率，逃脱被追歼的命运，便尝试给部分潜艇包裹一层"外衣"。这件"外衣"由橡胶制成，厚约30毫米，内部有直径3.5毫米左右的空腔。它的工作原理并不复杂，主要是利用声波在空腔内振荡，来降低声波反射强度，达到隐形的目的。

各国海军之所以越来越青睐在潜艇上安装消声瓦，就在于消声瓦有着不同寻常的降噪和消声本领。随着消声瓦技术的不断发展和该项技术在实践中的广泛应用，人们对其功效产生了越来越大的兴趣，改变了最初认为它仅能吸收对方声呐波的片面观念。目前经初步证实，消声瓦的功用至少有三个。首先，能够吸收对方主动雷达发出的声呐波，即利用消声瓦材料的阻尼作用和瓦内空腔或填充物的作用，使对方发射出的声波波形发生变化，将声能转换为热能消耗掉，从而使折射回去的声波能量大为降低，达到急剧减少主动声呐探测的目的。据报道，俄罗斯满载排水量2.65万吨的"台风"级潜艇由于敷设了150毫米厚的消声瓦，因而使美国MK-48和MK-46型鱼雷的主动声呐探测距离减少到原来的1/3。由此可见它的战术效能非同一般。其次，能够隔离潜艇内部噪声向艇外辐射。噪声是潜艇水下行动的一个大忌。尤其核潜艇的吨位大、块头大、噪声大，更是容易被对方在极远的距离上探测发现。消声瓦能部分缓解这方面的矛盾。潜艇包上一层层的消声瓦，就相当于用一件棉袄包裹一台收音机一样，声音明显减弱。在这种情况下，艇内的噪声向外辐射自然受到很大的抑制。不过，实践也证明：一种消声瓦难以同时具备良好的吸声和隔声性能，而且低频吸、隔声性能难以满足实践使用的需要。再次，能够抑制艇体的振动。潜艇在活动和作战使用时，其动力装置和机械设备产生的振动是不可避免的，也是始终存在的。因此，如何最大限度地减少振动，便成为了潜艇设计师矢志不渝追求的目标和时刻梦想攻克的难关。目前很多潜艇都将艇上的动力装置及其机械设备安装在筏形基座上，而且该基座与潜艇体保持柔性连接。这些措施采取后，仍有相当大的振动波要传到潜艇的内壁，而紧贴艇体的消声瓦自然起到了吸收振动的作用，使振动得到最大限度的减弱和缓解。

由此看来，消声瓦的风靡安装与使用将是大势所趋。未来的潜艇肯定是一些采用消声瓦等技术的、更加安静的"海狼"。

小　　结

通过本章的介绍，旨在让读者对消声技术有一个初步的了解，为了便于读者的回顾总结，下面浏览一下本章的主要内容。

- 消声器的消声性能评价
- 声器分类及消声机理
- 消声设计
- 消声器的选型与安装

针对以上内容，尤其应重视对阻性、抗性这两种基本类型的学习。关于消声设计，希望读者在掌握设计原则的基础上，能在应用方面多加练习。在学习完本章之后，对有关消声器的知识有很好的了解和认识，为今后的实践应用奠定一个良好的基础。

思考与练习

1. 消声器的评价性能参数包括哪几方面？其中描述声学性能的参数又包括哪几方面？

2. 消声器可分为几类？试以自己感兴趣的方式进行小结。

3. 简述抗性消声器的消声原理。

4. 消声器的安装应注意哪些方面？

5. 消声器的选用应考虑哪几个因素？

6. 某钢铁公司高炉气的排气管道管径为 1.0m，现需要对其进行消声处理，若设计选用的消声器单位消声量为 10dB，则其消声系数应取多少？

7. 试设计一单节共振消声器，要求在 125Hz 频带上消声量为 15dB，设进口管管径为 100mm。

5. 隔振与阻尼

➡ **学习指南**

声音是由声源振动而产生，故物体的振动也会产生噪声。对于振动产生的固体声，一般采用隔振措施。常见的隔振器主要有金属隔振器、橡胶隔振器、空气橡胶弹簧隔振器、各种隔振垫等。阻尼降噪措施主要用于板结构的物体振动，如输气管道、机器的防护壁、车体飞机外壳等。本章主要介绍隔振与阻尼原理、各种隔振元件的性能特点及隔振元件与阻尼材料的选择和设计。在进行本章学习时，建议以掌握原理为基础，着重了解隔振与阻尼的应用特点。此外，还应注意把握二者在应用上的内在联系。

5.1 隔 振

5.1.1 隔振技术概述

5.1.1.1 振动概述

振动是一种周期性往复运动，任何一种机械都会产生振动，而机械振动产生的主要原因是旋转或往复运动部件的不平衡、磁力不平衡和部件的相互碰撞。

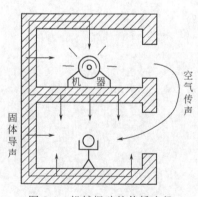

图 5-1 机械振动的传播途径

振动和噪声有着十分密切的联系，声波就是由发声物体的振动而产生的，当振动的频率在 20Hz～2kHz 的声频范围内时，振动源同时也是噪声源。振动能量常以两种方式向外传播而产生噪声，一部分由振动的机器直接向空中辐射，称之为空气声；另一部分振动能量则通过承载机器的基础，向地层或建筑物结构传递。在固体表面，振动以弯曲波的形式传播，因而能激发建筑物的地板、墙面、门窗等结构振动，再向空中辐射噪声，这种通过固体传导的声叫做固体声。图 5-1 表示机械振动的传播途径。

振动不仅能激发噪声，而且还会直接作用于设备、建筑物和人体，产生很多不良后果。振动作用于仪器和设备，会影响仪器设备的精度、功能和正常使用寿命。振动作用于建筑物，会使建筑物发生开裂、变形直至倒塌、收音机的发动机和机翼的异常，会造成严重的飞行事故。振动作用于人体，会对人的身心健康产生伤害，例如，长期使用振动工具，会产生手部职业病，使手指端间断性发白、发紫、发抖、麻木等，称之为雷诺式症状。当振动的频率接近人体某一器官的固有频率时，还会引起共振，对该器官产生严重影响和危害，例如，人的胸腔和腹腔系统对频率为 $4\sim8\mathrm{Hz}$ 的振动有明显的共振效应。因此，人体若承受该频率的振动，将会受到严重的损伤。

综上所述，振动也是环境物理污染的因素之一，从噪声控制角度研究隔振并不涉及结构固有振动而导致开裂、下沉、倒塌、破坏等现象，即不涉及强度的计算，只是研究如何降低固体声及空气声，隔振就是将振源（即声源）与基础或其他物体的近于刚性联接改成弹性连接，以防止或减弱振动能量的传播，实际上振动不可能绝对隔绝，所以通常称为隔振减振。

5.1.1.2 隔振原理

若将一台设备直接安装在钢筋混凝土基础上，设备运转时存在一个周期性地作用于机组的合力 F（干扰力），使设备产生共振。由于设备与基础是刚性体，受力时不变形，因此设备承受的干扰力使几乎全部作用于周围的地层中，地层也发生振动。如此相互作用，便使振动的能量沿固体连续结构很快地传输出去，如图 5-2(a) 所示。

若在设备与基础之间安置由弹簧或弹性衬垫材料（如橡胶、软木等）组成的弹性支座，变原来的刚性连接为弹性连接，由于支座受力可以发生弹性变形，起到缓冲作用，便减弱了对基础的冲击力，使基

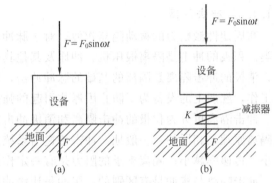

图 5-2　隔振装置的示意图

础产生的振动减弱；并且由于支座材料本身的阻力，使振动能量消耗，也减弱了设备传给基础的振动，从而使噪声的辐射量降低，这就是隔振降噪声的基本原理，如图 5-2(b) 所示。

隔振时使用的弹性支座称做隔振器，相对于机械设备的质量可以忽略，看做只由弹性支承装置与能量消耗装置组成。

隔振通常分为两类：将隔振器设在振源与基础之间，阻断从振源传到基础的振动称为积极隔振（也称主动隔振）；在操作工人与振器之间，操作工人与振动的地板之间，精密机器或仪表与它们的基础之间设置隔振器，阻断从振器械、楼板（基础）传到人的振动，精密机器或仪表上的振动，称做消极隔振（也称被动隔振）。

5.1.1.3 传振系数

传振系数又称做"振动传递率"、"隔振效率"，是表征隔振的效果的常用物理量，通常记作 T。它就是通过隔振元件传递过去的力与总干扰力之比，即

$$T=\frac{传递力}{干扰力} \tag{5-1}$$

T 越小，说明通过隔振器传递过去的力越小，因而隔振效果较好，隔振器的性能也越好。如果机械设备与基础是刚性连接，则 $T=1$ 即干扰力全部传给基础，说明没有隔振作用；如果在设备与基础之间安装隔振装置，使 $T=0.2$，即传递过去的力只是干扰力的 20%。因此，传递系数的理论计算是隔振理论的关键所在。

5.1.1.4 隔振系统中控制振动的三个基本因素

隔振系统中控制振动及其传递的三个基本因素是：弹簧或隔振器的刚度、被隔离物体质量、系统支承即隔振器的阻力。

（1）刚度 隔振器的刚度越大，隔振效果越差，反之隔振效果越好。必须指出的是，对于一个设计正确的隔振系统，支承的刚度计算最重要，但弹簧及隔振器的刚度对物体振幅的影响不大。

（2）质量 被隔离的物体的质量使支承系统保持相对静止，物体质量越大，在确定振动力作用下物体振动越小，增大质量还包括增大隔振底座的面积，以增大物体的惯性矩，可减小物体的摇晃，但质量的增加并不能减小传递率。

（3）阻力 隔振系统的支承阻力有以下的作用：在共振区减小共振峰，抑制共振振幅；减弱高频区物体的振动；在隔振区为系统提供了一个使弹簧短路的附加连接，从而提高了支承的刚度，使传递率增大，因此阻力的作用有利也有弊，设计时应特别注意。

5.1.1.5 冲击隔离

和周期性激励力的振动隔离相似，对于脉冲冲击也可以考虑隔离，也分为积极与消极的两类。积极的冲击是隔离锻压机、冲床及其他具有脉冲冲击力的机械，以减小其对环境的影响；消极的冲击隔离是隔离的基础的脉冲冲击，使安装在基础上的电子仪器及精密设备能正常工作，舰船上的设备为了防止因爆炸引起的强烈冲击而设计的隔离系统显然也属此例。

冲击隔离可分为积极的冲击隔离和消极冲击隔离，二者的传递率估算基本相同，也就是说隔离原理是相同的，一般地，冲击传递与系统的固有频率成正比，也就是系统的固有频率越小，传递率越小；隔离支承的阻力是有一定作用的，阻力越大、传递率也越小。

冲击隔离与缓冲是有区别的，缓冲是让缓冲材料介于相互碰撞的物体之间，使碰撞的冲击力要比直接碰撞低，如汽车缓冲器、飞机着陆架等。

5.1.2 隔振元件

从理论上说，凡是具有弹性的材料均能作为隔振元件，但在实际工程应用上受到很多条件的限制，例如能否大量供应，性能是否稳定，使用寿命长短以及是否具有防水、防油、防火性能等。

5.1.2.1 隔振器

它是一种弹性支承元件，是经专门设计制造的具有单个形状的、使用时可作为机械零件来装配安装的器件。最常用的隔振器可分为：弹簧隔振器，包括金属螺旋弹簧隔振器、金属碟形弹簧隔振器、不锈钢钢丝绳弹簧隔振器（见图 5-3），金属丝网隔振器，橡胶隔振器，橡胶复合隔振器以及空气弹簧隔振器等。

（1）金属弹簧隔振器 金属弹簧隔振器是目前国内外应用较广泛的隔振器，它的适用频率范围在 1.5～12Hz 之间，其中螺旋弹簧隔振器应用最为广泛。金属弹簧隔振器主要由钢丝、钢板、钢条等制造而成，通常在静态压缩量大于 5cm 的情况下，或在温度和其他条件不允许采用橡胶等材料的地方。

金属弹簧隔振器的主要优点是弹性好，耐高温、耐油、耐腐蚀、不老化，寿命长，固有频率低，阻尼性能好（有些隔振器在进行改进后，阻尼性能有所提高，如螺旋隔振器），承载能力高等。缺点是对于一些阻尼系数较小的隔振器，容易发生共振，则很可能损坏机械设备，使用时应精心设计，并在弹簧两端加橡胶垫板或在钢丝上黏附橡胶以提高阻尼。另外，金属弹簧的水平刚度较竖直刚度小，容易产生晃动，因而常须附加一些阻尼材料。

（2）橡胶隔振器 适合于中小型设备和仪器的隔振，适用频率范围为 4～15Hz；橡胶隔振器不仅在轴向，而且在横向及回转方向均具有很好的隔离振动性能。橡胶内部阻力比金属大得多，高频振动隔离性能好，隔声效果也很好，阻力比为 $0.05\sim0.23$。由于橡胶成型容易，与金属也可牢固地粘接，因此可以设计制造出各种形状的隔振器，而且重量轻、体积小、价格低，安装方便，更换容易。其缺点是耐高温、耐低温性能差，普通橡胶隔振器适用的温度为 $0\sim70$℃，易老化、不耐油污、承载能力较低。

决定橡胶隔振器动刚度和静刚度的因素是：橡胶的材料、橡胶的硬度及橡胶隔振器的形状。从形状及受力变形可把橡胶隔振器分成三大类：压缩型、剪切形及复合形。图 5-4 为各类橡胶隔振器的结构形状示意。

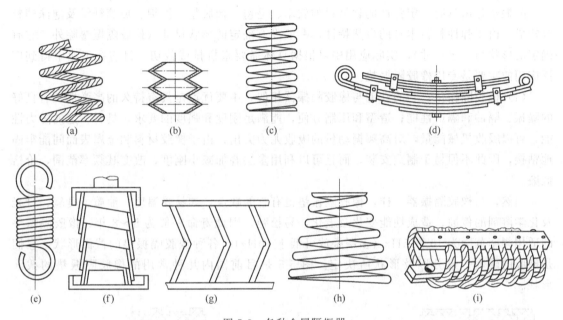

图 5-3　各种金属隔振器
（a）钢丝强拐弹簧；（b）碟形弹簧；（c）螺旋柱簧；（d）板簧；（e）拉簧；
（f）螺旋板簧；（g）折板簧；（h）螺旋锥簧；（i）不锈钢钢丝绳弹簧

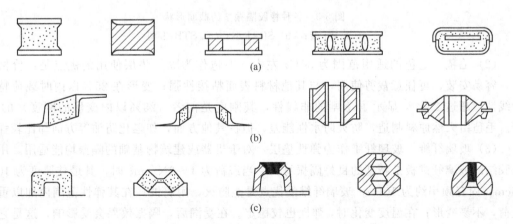

图 5-4　各类橡胶隔振器结构形状示意
（a）压缩型；（b）剪切型；（c）复合型

橡胶隔振器的性能与质量主要取决于橡胶的配方与硫化工艺，在隔振器的形状及橡胶配方决定后，硫化工艺如硫化温度及时间是相当重要的，复杂的橡胶隔振器往往需要经过多次试验总结才能确定加工工艺,以取得预期的力学性能。

(3) 橡胶空气弹簧隔振器 橡胶空气弹簧隔振器与前述的橡胶隔振器的作用原理完全不一样,橡胶隔振器是靠橡胶本体的弹性形变取得隔振效果,而橡胶空气弹簧隔振器是靠橡胶气囊中的压缩空气的压力变化取得隔振效果,其工作的固有频率低(0.1~5Hz)、共振阻力性能好。缺点是价格高、承载能力有限、国内产品较少,目前在一些设备上安装的此类隔振器是多方面阻力性能比较好的国外产品。

5.1.2.2 隔振垫

隔振垫是由具有一定弹性的软材料如软木、毛毡、橡胶垫、海绵、玻璃纤维及泡沫塑料等构成。由于弹性材料本身的自然特性,一般没有确定的形状尺寸(橡胶隔振垫除外,它有确定的形状与一定尺寸),实际应用中可根据具体需要来拼排或裁切。目前在工业中得到广泛应用的主要是专用橡胶隔振垫。

(1) 橡胶隔振垫 它的性能与橡胶隔振器相似,主要优点是具有持久的高弹性,有良好的隔振、隔冲和隔声性能;造型和压制方便,能满足刚度和强度的要求;具有一定的阻力性能,可以吸收机械能量,对高频振动量的吸收尤为突出;由于橡胶材料和金属表面间能牢固地粘接,因此不但易于制造安装,而且可以利用多层叠加减小刚度,改变其频率范围,价格低廉。

当然,与橡胶隔振器一样,橡胶隔振垫也有它的缺点,如易受温度、油质、臭氧、日光及化学溶剂的侵蚀,造成性能变化及老化,易松弛,因此寿命一般为5~8年,橡胶隔振垫的适用频率范围为10~15Hz(多层叠放可低于10Hz)。各种橡胶隔振垫的截面形状,它们是橡胶的硬度、成分以及形状所决定。图5-5是目前国内几种常用的橡胶隔振垫的截面形状。

间隔的小圆台
(a)
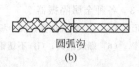
圆弧沟
(b)
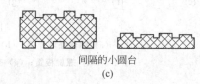
间隔的小圆台
(c)

图 5-5 各种橡胶隔振垫的截面形状

(a) WJ 型;(b) SD-I 型;(c) STB-I 型

(2) 毛毡 毛毡的适用范围为 30Hz 左右。毛毡作为隔振垫层使用的优点是:价格便宜,容易安装,可任意裁剪使用,与其他材料表面粘接性强;变形在 25% 以内时载荷特性为线性,超过 25%,显示了急剧的非线性,其刚度是前者(25% 以内变形的刚度)的 10倍。毛毡由天然原料制造,防火防水性能差,但在其他方面,如老化防油等方面却比较强。

(3) 玻璃纤维 玻璃纤维作为弹性垫层,对于机器或建筑物基础的隔振均能适用。用树脂胶结的玻璃纤维板是新型的良好隔振材料,当载荷为 $1 \sim 2 \text{N/cm}^2$ 时,其最佳厚度为 10~15cm,固有频率约为 10Hz。玻璃纤维的优点是能防火,耐腐蚀;在其弹性范围内加以重量载荷,不易变形;在温度变化时,弹性也较稳定。在受潮后,隔振效果会受影响,这是它的缺点。

(4) 海绵橡胶和泡沫塑料 橡胶和塑料本身是不可压缩的,在其变形时体积几乎不变,若在橡胶或塑料内形成空气或气体的微孔,它就有了压缩性,经过发泡处理的橡胶和塑料称为海绵橡胶和泡沫塑料。由海绵橡胶或泡沫所构成的弹性支承系统,其优缺点主要是:可得到很软的支承系统；裁切容易，安装方便；载荷特性表现为显著的非线性；产品难以满足品质的均匀性。

这两类材料用于商品运输过程中防振冲击较多在弹性支承的设计上，隔振要求严格的场合不宜采用海绵胶或泡沫塑料。这两类材料作为隔振垫，其工作固有频率随材料的配方、密度以及厚度变化较大，隔振要求高时可用试验的方法确定。

*5.1.2.3 管道柔性接管

在设备的进出管道上安装柔性接管是防止振动从管道传递出去的必要措施，柔性接管在空压机、风机、水泵及柴油机上都有应用。对于管内压力要求低的管道，如通风机的进出口柔性接管，必须采用一定规格和性能的产品。按材料不同可把管道柔性接管分成以下两大类。

(1) 橡胶柔性接管　橡胶柔性接管又称避震喉及橡胶接管，一般可用于温度100℃以下，压力2.0MPa以下的液体或气体传输管道中，可大幅度降低振动在管道中的传递和有效地隔离和降低管道噪声。水泵的进出管道、罗茨风机的进出管道以及空压机、真空压机、真空泵的进气管道中均可装置橡胶柔性接管。

(2) 不锈钢波纹管　对于柴油机出口、空压机出口及真空泵出口管道，若其工作温度高于100℃，而又有一定的压力要求，则可以安装不锈钢波纹管。不锈钢波纹管是把不锈钢薄板制成波纹形管道，两端焊上不锈钢法兰而制成的。有的不锈钢波纹管外面再套上保护丝网圈，管内设有导向管；它可以承受70～300℃的温度；其承受的最大压力由管径决定，一般管径越小，耐压越大，它的允许轴向和横向位移是每波位移之和。不锈钢波纹管的性能稳定，耐腐蚀，寿命长，但价格较高，一般需按具体要求定制。

*5.1.2.4 弹性吊钩——吊式隔振器

弹性吊钩实际上也是一种隔振器，是用于管道及隔声结构悬吊的，可以防止管道的振动传给建筑结构，也可以防止固体噪声互相传播。目前在高层建筑或声学要求较高的场所应用较多，如给水管道用弹性吊钩悬挂在楼板下或混凝土梁下，流速大的风管也用弹性吊钩悬吊。弹性吊钩一般用金属螺旋弹簧或橡胶块作为弹性元件，前者工作时的固有频率可小于10Hz，后者工作时的固有频率为200Hz左右，前者隔离振动效果较好，后者隔离固体噪声及高频振动效果好，选用时应加以注意。弹性吊钩下端有可悬吊管道的管箍或卡箍，上端有可调节高低的吊钩。

5.1.2.5 其他隔振元件

以下几类隔振元件，由于品种单一，不能成为一个系列，故不再详述它们的性能。

(1) 弹性管道支承——用于管道下部的支承；

(2) 高弹性橡胶联轴器——代替刚性联轴器；

(3) 油阻力器——与隔振器并联以增加系统的支承阻力；

(4) 动力吸振器——吸收单一频率的振动能量，以降低隔振系统中的机器或设备的振动。

*5.1.3 隔振元件的选择与设计

5.1.3.1 隔振元件的选择

随着振动与噪声控制技术渐为人们所重视，隔振支承的应用越来越普及了，但对于某一具体隔离对象而言，特别是那些外形轮廓不规则、重心位置不易计算的机器设备，如何正确地设计弹性支承系统，如何选择隔振元件，设计人员感到难度较大，实际工作中常常发生由于选择装置不当而引起的许多麻烦，致使隔振装置达不到预期的效果，有的甚至比不装隔振支承更坏。本节将有针对性地对隔振元件的选择问题作一扼要介绍。

这里只讨论隔振支承，也就是隔振器和隔振垫的选择问题，对于其他的隔振或控制元件，可参见有关的产品介绍。

对于一个高质量的可靠的隔振系统弹性支承的设计，不但有理论问题，而更重要的是实践经验，表 5-1 列出了各类隔振元件的性能比较，可供选用者参考。

表 5-1　各类隔振元件的性能比较

项　　目	金属螺旋弹簧	金属碟形弹簧	不锈钢钢丝弹簧	橡胶隔振器隔振垫	空气弹簧	金属丝网隔振器	海绵橡胶	毛毡	玻璃纤维及矿棉
通用频率范围/Hz	2~10	8~20	5~20	5~100	0~5	20~25	2~5	25	>10
多方向性	良	差	优	优	良	良	良	良	良
简便性	良	良	优	优	中	良	良	良	良
阻尼性能	差	优	优	良	优	良	中	中	良
高频隔振及隔声	差	中	良	良	优	中	良	良	良
载荷特性的线性	中	中	良	中	良	差	差	良	差
耐高、低温	优	优	良	中	中	优	中	良	良
耐油性	优	优	优	中	中	优	中	良	良
耐老化	优	优	优	中	中	优	差	良	良
产品质量均匀性	优	优	优	良	良	良	差	中	中
耐松弛	优	优	良	良	良	良	中	中	良
耐热膨胀	优	优	良	良	良	良	良	良	良
价格	便宜	中	高		高		中	便宜	中
质量	重	中	轻		重		轻	轻	轻
与计算特性值的一致性	优	优	良	良	良	差	良	差	差
设计难易程度	优	优	良	良	良	良	良	良	良
安装难易程度	中	良	良	差	差	良	优	优	良
寿命	优	优	良	良	良	良	差	中	中

(1) 频率范围　为获得良好的隔振效果，隔振系统的固有频率与相应的振动频率之比应小于 $1/\sqrt{2}$（一般推荐 $1/2.5$~$1/4.5$）。当固有频率 $f_0 \geq 20\text{Hz}$，可用毛毡、软木、橡胶隔振垫及一些较硬的橡胶隔振器、金属丝网隔振器。当固有频率 f_0 为 2~10Hz，可选用金属弹簧，橡胶隔振器，复合隔振器、海绵橡胶及泡沫塑料等。当固有频率 f_0 为 0.5~2Hz，可选用金属弹簧隔振器、空气弹簧隔振器。

从表 5-1 可以查出各类元件的大致适用频率范围，可作参考，同时还必须考虑其他因素的影响。

(2) 静载荷与动载荷　隔振元件选择是否恰当，另一个重要因素是每一个隔振器或隔振垫的载荷是否合适，一般应使隔振元件所受到的静荷为允许载荷的 90%左右，动载荷与静载荷之和不超过其最大元件允许载荷，对于隔振垫，允许载荷或推荐载荷是指单位面积的载荷。

另外，各隔振器的载荷应力求均匀，以便采用相同型号的隔振器，对于隔振垫则要求各个部分的单位面积的载荷基本一致，在任何情况下，实际载荷不能超过最大允许载荷。

当各支承点的载荷相差甚大必须采用不同型号的隔振器时，应力求它们的载荷在各自许用范围之内，而且应力求它们的静变形一致，这不仅关系到机组隔振后振动的状况，而且关系到隔振装置的固有频率及其隔振效果。

值得强调的是，要在楼层上安装的设备如风机、水泵、冷冻机以及其他振动扰力较大的机器或设备，要想取得良好的隔振效果，尤其是一些高级建筑及对噪声有特殊要求的场合，应选用固有频率低于3Hz的金属弹簧隔振器，以使隔振效率高于95%，使隔振系统的工作频率低于楼板结构的固有频率。

在同一设备上选用的隔振器型号一般不超过两种。应考虑隔振元件安装场所的温度、湿度、腐蚀条件，这些直接影响隔振元件的寿命。对隔振元件的质量、尺寸、结构以及价格等诸因素应综合全面地考虑。

5.1.3.2　隔振设计

（1）隔振降噪设计步骤

① 首先测量和分析振动源的振动强度，可根据机器的转速或往复来确定干扰频率，并确定所需振动传递比（传振系数 T）；

② 根据现场的隔振要求，由于扰频率和传递系数 T，或计算隔振系统的固有自振频率 f_0（其中阻尼比可根据振动设备性能和减振器类型估计）以及静态压缩量；

③ 确定隔振元件的载荷、型号大小和数量，并根据设备的总重和各具支撑地脚承担的质量，选用和设计能满足承重、固有频率等要求的隔振装置；

④ 验算看隔振装置是否满足设计适用要求，估计隔振设计的降噪效果。

（2）传振系数的确定（振动传递比 T）　传振系数就根据实测或估算得到的需隔振设备或地点的振动水平、机器设备的扰动频率、设备型号规格、使用工况以及环境要求等因素确定。简单隔振（质量弹簧系统）系统的传振系数，由式(5-2)计算（无阻尼情况）。

$$T=\frac{1}{\left|1-\left(\frac{f}{f_0}\right)^2\right|} \tag{5-2}$$

式中　T——传振系数；

　　f——机器设备的扰动频率，Hz；

　　f_0——机器设备与隔振装置组成的隔振系统固有频率，Hz。

在隔振系统有阻尼的情况下，由式(5-3)计算。

$$T=\left\{\frac{1+\left(2\zeta\frac{f}{f_0}\right)^2}{\left[1-\left(\frac{f}{f_0}\right)^2\right]^2+\left(2\zeta\frac{f}{f_0}\right)^2}\right\}^{\frac{1}{2}} \tag{5-3}$$

式中　ζ——阻尼比。

（3）隔振元件承受的载荷、型号、大小和数量的确定　隔振元件承受的载荷，应根据设备的重量、动态力的影响以及安装时的过载情况确定。设备重量均匀分布时，每个隔振元件的载荷可由设备重量除以隔振元件数目得出，隔振元件的型号和大小可据此确定。设备重量不均匀分布时，也可采用机座，并根据重心位置来调整各个隔振元件的支撑点。隔振元件的数量，一般宜取4~6个。

（4）隔振系统的静态压缩比、频率比、固有频率的确定

① 静态压缩量　由传递系数、设备稳定性、操作条件等要求确定，也可实验室直接

测量。

② 固有频率　固有频率可根据隔振系统的传递系数、扰动频率以及频率比确定，也可按式(5-4)估算。

$$f_0 = 4.98 \left(\frac{k}{W}\right)^{\frac{1}{2}} \approx \left(\frac{d}{\delta_{st}}\right)^{\frac{1}{2}} \tag{5-4}$$

③ 频率比 f/f_0　频率比中的扰动频率，通常可取为设备最低扰动频率。

当 $f/f_0 < 1$ 时，$T \geqslant 1$，隔振系统不再起隔振作用。

当 $f/f_0 \approx 1$ 时，系统发生共振，隔振系统不但不起隔振作用，反而放大了振动干扰。所以，一定要避免出现此种情况出现。

当 $f/f_0 > \sqrt{2}$ 时，即当干扰频率大于系统的固有自振频率 f_0 的 $\sqrt{2}$ 倍时，$T < 1$，隔振系统才真正起到隔振作用。

在一般情况下，频率比应取 2.5～5。要获得较大的静态压缩量，并获得较好的隔振效果，通常 f_0 选用 2.5～3Hz，阻尼系数取 0.1～0.2。

(5) 隔振参量的验算　隔振参量的验算包括传振系数 T、静态压缩量、动态系数以及隔振的降噪效果估算等。在实际工作中，由于大面积的振动速度值与板附近的声压值较接近，一般可认为板的振动速度级 L_v 和附近的声压值 L_p 相等，即

$$L_p = 20\lg \frac{p}{p_0} = 20\lg \frac{V}{V_0} = L_v \tag{5-5}$$

(6) 下列情况的隔振设计，应做到周密计算与选择

① 隔振效率需要非常高（如大于97%）；

② 冲击和周期性振动联合产生强迫运动；

③ 多向隔振。

(7) 阻尼比（$\zeta = C/C_c$）与隔振的关系　在 $f/f_0 < \sqrt{2}$ 的范围，在不起隔振作用以至发生共振的范围，C/C_c 值越大，这说明增大阻尼对控制振动有好的作用；在 $f/f_0 > \sqrt{2}$ 的范围，C/C_c 值越小，阻尼在此范围内对隔振效率有不良影响。

隔振设计时应尽可能设计较低的 f_0，并在 $f/f_0 < \sqrt{2}$ 时，利用增加阻尼的方法来提高隔振效果。隔振设计中，可采用下列 C/C_c 值（见表5-2）。

表 5-2　几种隔振元件阻尼比对照

隔 振 元 件	阻尼比(C/C_c)	隔 振 元 件	阻尼比(C/C_c)
一般钢制弹簧	<0.01	纤维衬垫	0.02～0.05
橡胶减振器	0.02～0.2	混合制成橡胶	>2

注：C——系统具有的阻尼系数；C_c——系统临界阻尼系数。

(8) 垂向振幅（x_0）的确定　物体在扰动力 F_0 的作用下，振动的垂向振幅可由下式估算。

$$x_0 = \frac{F_0}{k\sqrt{[1 - (f/f_0)^2]^2 + 4\zeta^2 (f/f_0)^2}} \tag{5-6}$$

阻尼的作用在振动传递率曲线上体现得很清楚（图5-6），在共振区域内，阻尼可以抑制传递率的幅值，使物体的振动不至于过大；在非共振区域内，当 $f/f_0 > \sqrt{2}$ 时，阻尼反而使传递率增大。

【例 5-1】 某化工车间所用的鼓风机资料如下，根据有关材料对其进行隔振设计。

资料：
型号	3L42WD
自重	791kg
转速	1450r/min
进口风量	15.2m³/min
电机型号	Y200L-4
轴功率	25kW
最大噪声	87.1dB
扰动力	2100N

解： 扰动频率 $f = \dfrac{n}{60} = \dfrac{1450}{60} = 24$（Hz）

采用隔振底座重为 800kg，则总重 $W = 791 + 800 = 1591$（kg）

若采用 8 点支承，则每点平均承载量为 199kg。查阅有关资料，在无腐蚀场合，选用 JG3-3 型橡胶隔振器（最大承载 250N）；在有腐蚀场合，选用 ZT33-64 型金属弹簧隔振器（最大承载 235N）。

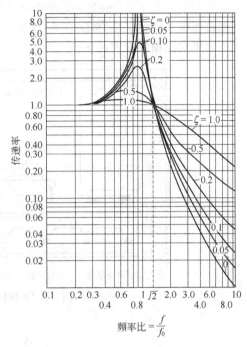

图 5-6　振动传递率曲线

① JG3-3 型橡胶隔振器：$f_0 = 7.2$Hz，$k = 1800$kg/cm

对于阻尼较大的橡胶隔振系统，采用式（5-3）。

隔振效率

$$\eta = (1-T)\% = \left[1 - \sqrt{\frac{1+4\zeta^2(f/f_0)^2}{[1-(f/f_0)^2]^2+4\zeta^2(f/f_0)^2}}\right]\%$$

$$= \left[1 - \sqrt{\frac{1+4\times0.075^2\times(24/7.2)^2}{[1-(24/7.2)^2]^2+4\times0.075^2\times(24/7.2)^2}}\right]\% = 65.3\%$$

振幅幅值

$$x_0 = \frac{F_0}{k\sqrt{[1-(f/f_0)^2]^2+4\zeta^2(f/f_0)^2}}$$

$$= \frac{210}{1800\sqrt{[1-(24/7.2)^2]^2+4\times0.075^2\times(24/7.2)^2}}$$

$$= 0.012\text{cm} = 0.12\text{（mm）}$$

振动速度幅值　$v_0 = 2\pi f x_0 = 2\pi \times 24 \times 0.12 = 18.1$（mm/s）

振动速度 18.1mm/s，隔振效率 65.3%。

② ZT33-64 型金属弹簧隔振器：$f_0 = 2.76$Hz，$k = 504$kg/cm

对于阻尼较小的金属弹簧隔振系统，采用式（5-2）。

$$\eta = 1 - \frac{1}{\left|1-\left(\dfrac{f}{f_0}\right)^2\right|} = 1 - \frac{1}{\left|1-\left(\dfrac{24}{2.76}\right)^2\right|} = 0.986 = 98.6\%$$

$$x_0 = \frac{F_0}{k\sqrt{[1-(f/f_0)^2]^2}} = \frac{210}{504\sqrt{[1-(24/2.76)^2]^2+4\times0.075^2\times(24/2.76)^2}}$$

$$= 0.0056\text{cm} = 0.056\text{（mm）}$$

$$v_0 = 2\pi f x_0 = 2\pi \times 24 \times 0.056 = 8.4 (\text{mm/s})$$

振动速度 8.4mm/s，隔振效率 98.6%。

车间机房隔振装置实例见图 5-7。

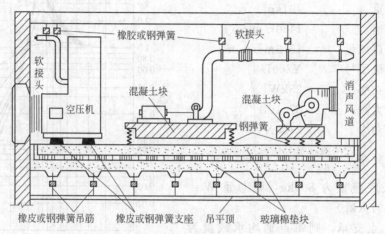

图 5-7　机房隔振装置的典型实例

5.2　阻　尼

很多噪声和振动是由板结构产生的。对于大多数板结构，其本身所含阻尼很小，而声辐射效率很高。传统上常采用的方法是通过加筋等措施，提高其刚性，降低噪声振动。这种方法的实质，并不是增加阻尼，而是改变板件结构本身的固有振动频率。如果实际情况允许，采用此方法是有效的。但是，在大多数情况下，移动某一构件固有的频率是不可行的，或虽可行但又引起另一部分构件的振动加大。降低这种噪声振动普遍采用的方法是在振动构件上紧贴或喷涂一层高阻尼的材料，或者把板件设计成夹层结构。这种降噪的措施习惯上称做减振阻尼，又常简称阻尼，这种技术广泛应用于各类机械设备和交通运输工具的噪声振动控制中，如输气管道、机器的防护壁、车体、飞机外壳等。

5.2.1　阻尼的基本原理

当金属板壳被涂上高阻尼后，受激产生振动，阻尼层也随之振动，一弯一折使得阻尼层时而被压缩，时而被拉伸，阻尼材料内部的分子不断产生相对位移，由于其内摩擦阻力很大，导致振动量大大损耗，不断转化为热能，同时阻尼层的刚度总是力图阻止板面的弯曲振动，从而降低了金属板的噪声辐射。

描述阻尼的大小通常损耗因子 η 表示，它定义为每单位弧度的相位变化的时间内，内损耗的能量与系统的最大弹性势能之比。它表征了板结构共振时，单位时间振动能量转变成热能的大小，η 越大，其阻尼特性越好。

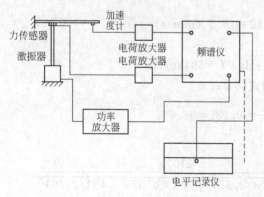

图 5-8　损耗因子 η 的测量装置

损耗因子 η 的测量多采用共振法，试验装置见图 5-8。测量时选用狭长的板，并在某振型的节点处，通过悬线挂在支架上，两端自由。采用电磁换能器，一端激发，一端接受。当振荡器由低频到高频连续扫描时，则可在接受端记录到一个个共振峰响应，由电平记录仪记录共振峰的频率和共振峰半宽度，则 η 可按下式计算

$$\eta = \frac{\Delta f}{f_r} \tag{5-7}$$

式中　f_r——共振频率；

　　　Δf——共振峰半宽度。

也可以在某一共振频率处，令激发信号突然消失，试件将以某一简谐振动方式做自由振动，由于试件本身阻尼作用，振动指数规律衰减，用电平记录仪可记录振动衰减曲线。通过曲线计算出混响时间，可用下式求损耗因子

$$\eta = \frac{2.2}{T_{60} f_r} \tag{5-8}$$

式中　T_{60}——试件振动衰减 60dB 所经过的时间，s；

　　　f_r——共振频率，Hz。

大多数材料的损耗因子处于 $10^{-1} \sim 10^{-4}$ 范围。表 5-3 列出了一些典型材料的损耗因子。

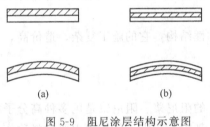

图 5-9　阻尼涂层结构示意图
(a) 自由阻尼层；(b) 约束阻尼层

表 5-3　室温下声频范围内几种材料的损耗因子 η

材料	损耗因子 η	材料	损耗因子 η
铝	10^{-3}	玻璃	$(0.6 \sim 2) \times 10^{-3}$
钢(铁)	$(1 \sim 6) \times 10^{-4}$	石块	$(5 \sim 7) \times 10^{-3}$
铜	2×10^{-3}	木	$(0.8 \sim 1) \times 10^{-2}$
锡	2×10^{-3}	胶合板	$(1 \sim 1.3) \times 10^{-2}$
锌	3×10^{-4}	石膏板	$(0.6 \sim 3) \times 10^{-2}$
镁	10^{-4}	水纤维板	$(1 \sim 3) \times 10^{-2}$
铅	$(0.5 \sim 2) \times 10^{-3}$	软木	$0.13 \sim 0.17$

阻尼层与金属的结构有两种形式：自由阻尼结构和约束阻尼结构，见图 5-9。

5.2.1.1　自由阻尼结构

自由阻尼结构是将阻尼材料直接粘贴或喷涂在需要减振的金属板的一面或两面，当板振动和弯曲时，板和阻尼层可自由压缩和延伸，从而使部分机械能损耗。

自由阻尼结构的损耗因子与阻尼材料的损耗因子、基板和阻尼材料的弹性模量比、厚度比等有关。图 5-10 给出了不同厚度比、弹性模量比、损耗因子比之间的关系曲线。当阻尼材料的弹性模量比较小时，自由阻尼结构的损耗因子可以表示为

$$\eta = 14 \eta_2 \frac{E_2}{E_1} \left(\frac{H_2}{H_1}\right)^2 \tag{5-9}$$

式中　η_2——阻尼材料损耗因子；

　E_1，E_2——基板和阻尼材料的弹性模量；

　H_1，H_2——基板和阻尼材料的厚度。

其中，E_2/E_1 的值过小，降振效果就差；对于大多数情况，E_2/E_1 的数量级为 $10^{-1} \sim 10^{-4}$，只有较高的厚度值，才能达到较高的阻尼。通常厚度比取 $2 \sim 4$ 为宜，比值过小，降

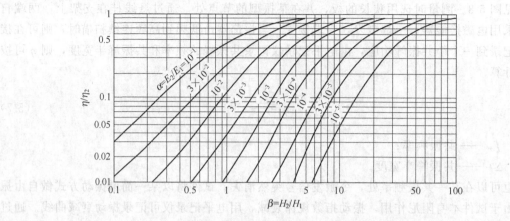

图 5-10　自由阻尼结构的损耗因子比值与厚度比的关系曲线
（对应不同的杨氏弹性模量比）

振效果差；比值过大，降振效果增加不明显，造成材料的浪费。

自由阻尼结构多用于管道包扎以及消声器、隔声设备等宜振动的护板上。

5.2.1.2　约束阻尼结构

约束阻尼结构是将阻尼材料涂在两层金属板之间，当金属板振动和弯曲时，阻尼层受金属板约束不能伸缩变形，主要受剪切变形，可耗散更多的能量，比自由阻尼结构有更好的减振效果。

约束阻尼结构通常选用阻尼层和金属板相等的对称性结构，它的施工复杂，造价高，只用在减振要求较高的场合。

5.2.2　阻尼材料

常用的阻尼材料除沥青、软橡胶外，还有应用较广的阻尼浆。阻尼浆是用多种高分子材料配合而成的，主要由基料、填料、溶剂三部分组成。其中，起阻尼作用的主要材料称作基料，如橡胶、沥青等；帮助增加阻尼，减少基料用量以降低成本的辅助材料称为填料，如膨胀珍珠岩、软木粉、石棉纤维等；溶解基料，防止开裂的辅料称为溶剂，如矿物质和植物油等。表 5-4 列出几种国产阻尼材料。

表 5-4　几种国产阻尼材料

阻尼材料	厚度/mm	损耗因数 η	阻尼材料	厚度/mm	损耗因数 η
石棉漆	3	3.5×10^{-2}	石棉沥青膏	2.5	1.1×10^{-2}
硅石阻尼浆	4	1.4×10^{-2}	软木纸板	1.5	3.1×10^{-2}

表 5-5～表 5-7 列出了几种阻尼浆的配合比。表 5-8 列出了几种阻尼材料的成分及损耗因子。

表 5-5　软木防热隔振阻尼配合比

材 料 名 称	按 15kg 配制的质量/kg	材 料 名 称	按 15kg 配制的质量/kg	材 料 名 称	按 15kg 配制的质量/kg
厚白漆	3	生石膏	3.5	水	4
光油	2.5	软木膏（粒径 3～5mm）	2	松香水	0.7

表 5-6　J-70-I 防振隔热阻尼浆配合比

材 料 名 称	质量分数/%	材 料 名 称	质量分数/%
30%氯丁橡胶液	60	粗膨胀硅石(1.0～5.0mm)	8
420 环氧树脂	2	石棉粉	6
胡麻油醇酸树脂	4	萘酸钴液	0.6
珍珠岩(膨胀)	8	萘酸铅液	0.8
细膨胀硅石(0.3～1.0mm)	10	萘酸锰液	0.6

表 5-7　沥青阻尼浆配合比

材 料 名 称	质量分数/%	材 料 名 称	质量分数/%	材 料 名 称	质量分数/%
沥青	57	熟桐油	4	石棉绒	14
胺焦油	23.5	蓖麻油	1.5	汽油	适量

表 5-8　其他几种阻尼材料的成分及 η 值

涂料编号	成 分	η 值
54-11	丙烯酸树脂、环氧树脂、填料、发泡剂、防火剂等	$(2.4\sim9.8)\times10^{-1}$
54-12		$(2.0\sim2.3)\times10^{-1}$
80-1	苯丙共聚物、环氧树脂、填料、发泡剂、防火剂	$(5.9\sim7.6)\times10^{-1}$
42-9	沥青、橡胶、填料等	$(6.2\sim7.5)\times10^{-1}$
52-2	有机硅树脂、填料、发泡剂等	$(3.2\sim5.2)\times10^{-1}$

　　由于阻尼材料是在发展中的新材料，所以其制造工艺、生产设备、原材料配制、检测手段等还不成熟，成本一般还较高、性能有时不稳定，寿命也正在接受考验。同时，在防火、防水、防油以及燃烧、毒性等方面的性能尚待进一步改进。

*5.2.3　阻尼设计的处理

　　材料的阻尼性能由损耗因子 η 来衡量。损耗因子的物理意义是表征每振动一次所损耗的能量与原有总能量的比值。它的大小与材料固有振动在单位时间内转变为热能而散失掉的振动能成正比。η 值愈大，表明材料的阻尼性能越好。计算 η 值常用的方法有频率响应法和混响法两种。其中混响法适用范围较广，通常利用式(5-7)可求出损耗因子。

　　一般金属结构的损耗因子 η 很小，大约为 $10^{-5}\sim10^{-4}$，近代大量采用焊接工艺也大大减少了系统的连接阻尼，迄今为止，生产既有高强度又有较大阻尼值金属的努力尚未成功。因此，增加部件或系统的阻尼，最方便有效的方法是在部件表面粘贴弹性高阻尼材料。

　　粘贴弹性高阻尼材料是国内外 20 多年来研究成功的一种减振降噪的新技术，它广泛地用于航天、航空、航海、汽车、铁路、建筑、纺织、电子仪表及机械制造诸行业，也可以用来建造隔声罩。

　　在部件或结构表面粘贴阻尼材料，由部件或系统承受强度或刚度，由粘贴弹性高阻尼材料提供阻尼，是最常见的阻尼处理方法。常用的阻尼结构有两种：自由层阻尼处理和约束层阻尼处理，如图 5-11 所示。

5.2.3.1　自由层阻尼处理

　　自由层阻尼处理是在基础结构表面上直接粘贴阻尼材料，当结构振动时，粘贴在表面的

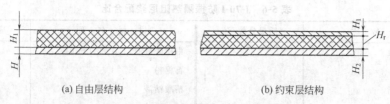

（a）自由层结构   （b）约束层结构

图 5-11 自由层阻尼处理和约束层阻尼结构示意图

阻尼材料产生拉伸压缩变形，把振动能转化为热能，从而起到减振的作用。

阻尼层结构的阻尼处理比较简单，计算也比较方便，缺点是阻尼处理的效果和温度关系很大，而且也不可能提供很大的阻尼，特别是结构较厚时。

5.2.3.2 约束层阻尼处理

此方法是在结构的基板表面粘贴阻尼层后，在贴上一层刚度较大的压缩棉线，当结构振动时，处于约束板和基板之间的阻尼材料产生拉伸压缩变形，此变形把部分振动能转变成热能，从而，达到减小结构振动的目的。约束层阻尼处理一般可以提供较大的结构损耗因子，越来越广泛得用于各个领域。

约束层阻尼结构的损耗因子 η 计算较复杂，请参阅其他资料。约束层结构的施工及制作要求较高，价格也贵，因此在实际工作中，有时将自由层阻尼结构和约束阻尼层结构同时使用，而对于较大的结构系统，还可以采取部分粘贴阻尼材料的间隔处理方法；在一些高级结构工程中须用计算机计算，实行优化阻尼设计。目前市场上已有制成的约束阻尼板出售，类似于三合板，中间为阻尼层，两边用金属板，但因无法焊接和价格贵而推广较困难。

结构阻尼处理是一门新技术，已得到广泛应用，但不同的阻尼处理（阻尼材料、结构形式、粘贴方法、布置位置等多种因素）会有不同的减振效果，也就是说，合理地选用阻尼材料和设计合理的阻尼结构，是取得较好的阻尼减振效果的关键。

在实际的阻尼措施施工中必须利用以下几点。

（1）在涂层位置确定时，可利用累计试法（即多次在不同振动位置试涂），找出振动面的低频共振区域和振动腹点，对腹点加重涂覆，进行重点处理；

（2）在施工中务必注意使阻尼材料均匀并紧密的粘贴在金属板材料上，使金属板具有良好的粘贴性；

（3）根据使用现场的条件，还应考虑防燃、防油、防腐蚀、隔热保温等方面的性能。

阅读材料

噪声测井——听听油气井发出的声音

声波测井方法之一是通过地下自然发出的声音来识别地下岩层的情况，找到石油和天然气或是其他矿物。医生用听诊器可以听到病人肺部的声音、消化系统蠕动的"肠鸣"以及心脏的正常声音和杂音。这就会提出一个问题：地下油气井发出的声音是什么样的，和日常生活里的各种声音一样吗？是像汽笛一样尖厉？还是像小鸟唱歌一样婉转动听呢？

在油气井生产时，地层中的油、气、水在地层压力的驱动下，流向井内。流动的油、气、水在遇到井内的套管时，由于摩擦产生声音。如果是油气或油水或水气一起流动（叫做双相流动），而且地层压力不是很大，这时产生的振动频率为 200Hz，发出的声音和钢琴键盘上 C 调的"1"（频率为 256Hz，唱名为"哆"）差不多，但这还只是井下"合唱"的低音声部。如果井下流动的是单一的油、气或水（叫做单相流动），发出的振动频率约为 500Hz，声音接近 C 调的"1"（频率为 512Hz），这还只是中音声部。如果井下流动的是气体，而且由于地层压力高而流速快，与套管摩擦产生振动的频率可达 1000～2000Hz，比 C 调的"1"要高两个 8 度音程，这才是井下的高音声部。但是井下流体与套管摩擦产生的振动没有旋律，因而不是音乐，故被称为噪声。除了不同性质的流体流动会发出不同频率的噪声以外，由于流体流过的路径上流通通道尺寸的变化、油气层压力的变化以及流量、流速的变化，都会使噪声频率（音调）、强度（响度）发生改变。测量记录井下由于流体流动而产生的噪声的频率和强度，可以识别井下流动流体的种类或性质（是油、气，还是水）及其流量，这种方法叫做噪声测井，所测量记录的信号是自然产生的声音。

噪声测井在井下没有人工的声源，只有灵敏度很高的声波接收探头。测井时，通过电缆将仪器放到井下一定深度，然后测量记录 3 分钟内接收到的声波信号，这种测量记录方法叫"点测"，即声波接收探头在井下静止的条件下进行测量记录，这样可以避免声学仪器在井下运动过程中产生的摩擦噪声。

小　结

通过对本章的介绍，我们了解了关于隔振与阻尼的有关知识，以下是对本章内容的简要概括：

- 隔振原理
- 隔振元件
- 隔振元件选择与设计
- 阻尼原理
- 阻尼材料与设计

总之，在学习了本章之后，希望读者能够对隔振与阻尼有一个较为全面的认识，尤其应对二者在应用上的联系与区别进行重点掌握，以便为今后的实际应用打下一个良好的基础。

思考与练习

1. 什么是振动、空气声、固体声？振动对人们日常生活有何影响？
2. 简述隔振原理。
3. 隔振分哪两类？请列举一些有关这两个类型的隔振实例。
4. 什么是传振系数？其与隔振效果有何联系？
5. 简述金属弹簧隔振器与橡胶隔振器在应用方面的优缺点，总结出二者的适用范围。
6. 简述阻尼的基本原理。
7. 阻尼层与金属板结合时可分为哪两种形式？二者有何区别？
8. 某精密设备重 600kg，允许振动速度为 0.06mm/s，地面扰动为两个正弦波，振动频率分别为 18Hz 和 4Hz，振幅分别为 $1.0\mu m$ 和 $1.6\mu m$。由以上条件分析，该设备是否需要采取隔振措施？若需要，对设备应采用何种隔振处理，并设计确定最后的隔振效率。

9. 某化工车间一鼓风机，其资料如下表：

项　目	规　格	项　目	规　格
风机型号	T4-72-11，10C	电机型号	JO$_2$-61-4
风机全重	923kg	扰动力	1120N
转速	900r/min		

试通过查阅有关资料，确定隔振措施，并计算隔振效率。

6 环境噪声评价与控制

→ **学习指南**

　　环境噪声的控制与影响评价是噪声污染研究的一个重要内容，它主要是以噪声监测为依据，以数学评价模式为手段进行操作。本章主要介绍环境噪声控制方案的选择及环境噪声的影响评价程序。在学习本章时，希望读者首先熟悉了解环境噪声评价与控制的含义，此后，才能更好地掌握控制方案的选择与评价程序。

6.1　环境噪声评价

6.1.1　环境噪声评价概述

　　环境噪声评价是指对人类生存空间中不同强度的噪声及其频谱特性以及噪声的时间特性所产生的危害与干扰程度进行的研究。噪声评价以测量分析为主要研究手段，同时也可结合一些较为成熟的预测评价模式进行较为全面科学的评价。

　　环境噪声评价作为环境噪声控制方案选择的前提依据，通常用到的方法基本上有两种，一种是在实验室里进行测量的方法，即将已经录下的模拟声音重新播放，或设置一定强度的声源，然后反复测量它对周围环境大多数人的影响，这个影响可能是噪声引起的暂时性听阈改变，也可能是噪声引起的响度和吵闹度；另一个方法是进行社会调查或现场试验，如测量一个车间的噪声后，检查该车间里工人的听力和身体健康状况，调查访问群众对某些噪声的反应，组织一些人到现场实地评价某些噪声的干扰。这两种方法各有其优点，可互相补充。实验室的方法虽然条件容易控制，但它与现场环境有差异；而现场调查或试验，因为有很多复杂因素和困难条件，所以不容易掌握。

　　由于噪声与主观感觉的关系非常复杂，人们对各种噪声影响的反应很不一致。因此，噪声评价仍然是环境声学研究工作中的一个重要课题。

　　目前，使用比较广泛的是评价噪声的响度和烦恼效应的 A 声级（在进行工业噪声评价有时也结合 C 声级）和以 A 声级为基础的等效声级、感觉噪声级；评价语言干扰的语言干扰级；评价建筑物室内噪声的噪声评价曲线以及综合评价噪声引起的听力损失、语言干扰和烦恼三种效应的噪声评价数等。

6.1.2　环境噪声评价的基本程序

6.1.2.1　评价对象的确定

　　噪声污染按其发生形态可分为交通噪声、工业噪声、建筑噪声、施工噪声、社会生活噪声，而交通噪声又可分为公路交通噪声、铁路噪声、飞机噪声等。

作为评价人员，必须首先对要评价的对象有一个清楚的认识，即确定其属于哪一类型的噪声污染。

6.1.2.2 污染源现状调查

现状调查主要是调查噪声源、频谱特性、传播途径、厂房和其他建筑所受的噪声影响、土地利用状况等，为预测和评价获得必要的基础资料。

(1) 调查项目 在进行环境噪声影响评价前，需要收集一些该区域环境与评价有关的资料，包括已有的和现场调查得到的资料。具体项目如下：

① 噪声状况；

② 土地利用状况；

③ 主要污染源状况；

④ 公害指控情况；

⑤ 根据法令制定的标准等。

(2) 调查区域 根据建设项目的类型、规模等，把建设项目开发和现有工矿企业对环境造成噪声影响的区域作为调查区域。

① 工厂装置噪声调查区域。根据评价项目具体情况，取距厂界外 100～1000m 范围。

② 公路交通噪声调查区域。取距离路边大致 100m 范围，在平坦开放的地段和高架公路取 200m 的范围。

③ 铁路噪声调查区域。取铁路噪声降至 60dB（A）的范围。地面行车路线一般取距离线路 100m 的范围。

④ 飞机噪声调查区域。取国际民航机构提出的 WECPNL70 的区域，但不包括海面噪声影响的调查。WECPNL 为国际民航机构（ICAO）提出的国际基准。

⑤ 建筑施工噪声调查区域。取距离施工占地边界线大约 200m 的范围。

6.1.2.3 测量方案的确定

在现状调查的基础上，即可进行测量方案的选择确定。其中包括测量项目、测量仪器的选择以及监测布点。

(1) 测量项目 在确定了噪声源的类型之后，则可根据具体情况，选择合适的能全面反映实际污染状况的测量项目，测量项目的选择可以是一项，也可以是多项结合。

① 噪声源的测量。该项测量是为了掌握噪声源的声学特性而进行的。其测量项目大体包括：噪声源的声功率级、离声源单位距离处的声压级、频谱、指向性及变动性等。

② 车间内的噪声测量。从噪声源发出的声音扩散到车间内的所有空间，通过墙体、门窗等开口处向外传播。车间内声场的噪声测量，对于评价噪声对车间工人的影响来说，是一个极重要的数据。

③ 工厂厂区的噪声测量。无论声源在工厂内部或工厂外部，通过了解声源的传播途径以及接收点处各种声源所给予的影响程度，就能确定有效的防治手段。厂区环境噪声测量数据，是厂区环境评价的重要指标之一。

④ 工厂周围环境噪声测量。工厂周围的环境噪声测量包括周围居民区的生活噪声和就近的交通噪声。

a. 居民区生活噪声。其噪声测量包括白天、夜间居民生活噪声。

b. 交通运输噪声测量。其中包括道路交通噪声测量、铁路交通噪声测量以及飞机、轮船（河流）噪声测量。

⑤ 其他噪声测量。除上述测量内容之外，可根据特殊需要进行噪声接受点的测量（为了某种研究和评价）以及施工噪声、突发噪声测量等，必要时项目延伸到噪声级、噪声频谱、混响时间、振动等。

（2）测量仪器　在选定测量项目的基础上，进行噪声的测量，通常测量所用到的声学仪器主要有声级计、频谱仪、计算机控制测量仪器等。

其中声级计是一种最基本、最常用的噪声测量仪器，它具有体积小、重量轻、操作简单、便于携带等特点，适用于测量工矿企业噪声、城市交通噪声、机器噪声等。

声级计按精度分为精密声级计和普通声级计两种。普通声级计的测量误差约为±3dB，精密声级计约为±1dB。声级计按用途可分为两类：一类用于测量稳态噪声，如精密声级计和普通声级计；一类则用于测量不稳态噪声和脉冲噪声，如积分式声级计（噪声测量计）、脉冲声级计。

声级计一般是由电容式传声器、前置放大器、衰减器、放大器、频率计权网络以及有效值指示表头等组成。其结构框图见图 6-1。

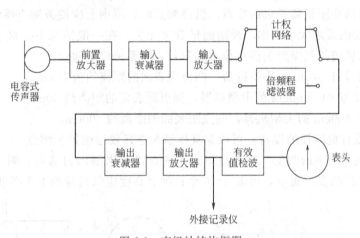

图 6-1　声级计结构框图

声级计是噪声测量中最基本的仪器，它的工作原理是，由传声器将声音转换成电信号，由前置放大器变换阻抗，使电容式传声器与衰减器匹配，放大器将输出信号加到计权网络，对信号进行频率计权（或外接倍频程、1/3 倍频程滤波器），然后再经衰减器及放大器将信号放大到一定的幅值，送到有效值检波器（或外接电平记录仪），在指示表头上给出噪声声级的数值。

衰减器使声级计具有较宽的量程范围，每挡衰减 10dB。如果需要对环境噪声进行深入、快速的研究，则可选用频率分析，声级记录仪表、电平记录仪、磁带记录仪等噪声测量仪器，以及带数据处理和频谱分析的积分式噪声测量系统和计算机控制测量系统。

（3）测点的选择

① 工厂、车间环境噪声。测点位置的选择应按测量目的而定，一般都按测量规范的要求进行。

测量生产环境的噪声是为了研究噪声对职工健康的影响，所以测点位置应选在操作人员经常所在的位置或观察生产过程而经常工作、活动的范围内，以工作时的人耳高度为准选择数个点。若该环境内噪声声级差小于 3dB（A），则需选择 1～3 个测点；若该环境内噪声声级分布大于 3dB（A），则应按声级的大小将其分成若干个区域，每个区域内的噪声专用级差小于 3dB(A)，而相邻区域的噪声声级差应大于或等于 3dB(A)，每个区域取 1～3 个测点。

测量噪声时应注意避免气流、电磁场、湿度和温度等环境因素对测量结果的影响。当风或气流吹向传声器时，会使其感受到压力发生变化，产生一种低频噪声而引起读数不准，此时测量宜选在偏离风向 30°、45°或 90°的位置。若无法避免，当风速较小时，可用风罩或纱布、薄手绢包在传声器上。若风速较大而又必须正对风的方向时，需装上特制的防风罩锥再进行测量。一般风力大于 5 级时停止测量。

现场温度过高或过低时会影响传声器的灵敏度；若温度过高，水汽一旦进入电容传声器发生凝结，将产生强烈的电噪声。因此，现场测量时应当注意。

② 机器噪声。测量现场机器噪声的目的，是为了控制机器噪声源并根据结果近似地比较和判定机器噪声大小等特性。

现场测量机器噪声，首先必须设法避免或减少环境背景噪声反射的影响。为此，可使测点尽可能接近机器噪声源，除待测机器外，应关闭其他无关的机器设备。其次要减少测量环境的反射面，增加噪声面积等。对于室外或高大车间内的机器噪声，在没有其他声源影响的条件下，测点可选在距机器稍远的位置。选择测点时，原则上应使被测机器的直达声大于本底噪声 10dB，起码要求大于 3dB，否则测量效果无关。在一般情况下，对于大小不同的机器和空气动力机械进排气噪声的测点位置和数目，可参考以下建议：

a. 外形尺寸小于 30cm 的小型机器，测点距表面的距离约为 30cm。

b. 外形尺寸为 30～100cm 的中型机器，测点距表面的距离约 50cm。

c. 尺寸大于 100cm 的大型机器，测点距表面的距离约 100cm。

d. 特大型或有危险性的设备，可根据具体情况选择较远位置为测点。

e. 各类型机器噪声的测量，均需按规定距离在机器周围均匀选点，测点数目视机器尺寸大小和发声部位的多少而定，可取 4～6 个；测点高度应以机器的 1/2 高度为准。

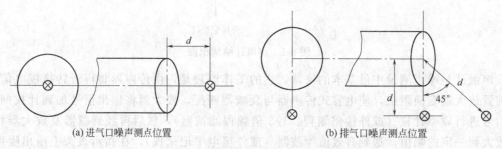

(a) 进气口噪声测点位置　　　　(b) 排气口噪声测点位置

图 6-2　进排气噪声测点位置示意图

f. 测量各种类型的通风机、鼓风机、压缩机等空气动力性机械的进排气噪声和内燃机、汽轮机的进排气噪声时，进气噪声测点应在吸气口轴向，与管口平面距离不能小于 1 倍管口直径，也可选在距离管口平面 0.5m 或 1m 等位置；排气口噪声测点应选在与排气口轴线夹角成 45°方向上，或在管口平面上距口中心 0.5m、1m、2m 处，见图 6-2。

③ 城市环境噪声

a. 城市区域环境噪声。先在市区地图上划分网格，以 500m×500m 为一网格，测量点在每个网格中心，若中心点的位置不宜测量（如房顶、污沟、禁区等），可移到旁边能够测量的位置。网格数不应少于 100 个，如果城市小，可按 250m×250m 划分网格。

测量时一般应选在无雨、无雪时（特殊情况例外），声级计应加风罩以避免风噪声干扰，同时也可保持传声器清洁。四级以上大风天气应停止测量。

声级计可以手持或固定在三角架上，传声器离地面高 1.2m。如果仪器放在车内，则要求传声器伸出车外一定距离，尽量避免车体反射的影响，与地面距离仍保持 1.2m 左右。如固定在车顶上要加以标明，手持声级计应使人体与传声器的距离在 0.5m 以上。

b. 城市交通噪声。在每两个交通路口之间的交通线上选择一个测点，测点在马路边人行道上，离马路 20cm，这样的点可代表两个路口之间的该段道路的交通噪声。

（4）评价标度　在评价噪声的地区反应时，需要一种标度，这种标度与该噪声容易测得的某些性质的主观响应有关，目前国内常用的噪声评价标度方法有以下几种。

① 噪声质量等级法。将噪声测量和平均等效连续 A 声级分成五个等级，如表 6-1 所示。

表 6-1　噪声质量等级表

类　型	分级名称	指数 P_N 范围	L_{eq}/dB(A)	类　型	分级名称	指数 P_N 范围	L_{eq}/dB(A)
一	很好	<0.6	<45	四	坏	0.75~1.0	56~75
二	好	0.60~0.67	45~50	五	恶化	>1.0	>75
三	一般	0.67~0.75	50~56				

根据 GB 3096—82《城市区域环境噪声标准》，交通干线道路两侧昼间的等效声级 $L_{eq}=70$dB(A)。超过此标准 5dB(A) 即为恶化，指数 P_N 可用下式计算求得。

$$P_N = \frac{L_{eq}}{75} \tag{6-1}$$

噪声质量指数法，常常用于噪声现状质量评价等工作上。

② 噪声污染级。英国物理学家 D. W. Robinson 认为噪声污染级 L_{NP} 比等效连续等级 L_{eq} 的响应更好一些。

$$L_{NP} = L_{eq} + K\sigma \tag{6-2}$$

式中　L_{eq}——在测量期间的 A 计权等效连续声级，dB(A)；

σ——在相同时间瞬时声级的标准偏差；

K——常数，取 2.56，此常数是由标度的创始者，英国国家研究物理所 D. W. Robinson 暂定的。

③ 噪声污染指数法

$$NPI = L_{eq}/SN \tag{6-3}$$

式中　NPI——噪声污染指数；

L_{eq}——测得所在区域的平均等效连续 A 声级；

SN——该评价区域的环境噪声标准。

噪声污染指数≤1.0 被认为是符合标准。根据噪声等能量原理，凡是超过 13dB(A) 为轻污染；超过 6dB(A) 为中污染；超过标准 9dB(A) 为重污染，见表 6-2。

表 6-2　噪声污染指数

污染级别	污染指数 NPI	污染级别	污染指数 NPI
符合标准	≤1.0	中度污染	1.07~1.13
轻度污染	1.01~1.06	重度污染	>1.13

根据噪声污染指数，可画出区域噪声污染图。

④ 城市的平均交通噪声级。全市分成若干声级相同的街道，按照各路段的噪声级 L_i（以 L_{eq} 或 L_{10} 表示）乘各路段长度 S_i 加权平均。

$$\bar{L}=\frac{\sum L_i S_i}{\sum S_i} \tag{6-4}$$

式中　$\bar{L}$——城市的平均交通噪声级；

　　　L_i——各路段的噪声级，dB(A)；

　　　S_i——各路段长度，m。

计算出来的 L 与该区域的环境噪声标准相比较，进行论述。

⑤ 暴露于交通噪声大于 55dB（A）环境下人口数计算。根据交通噪声的有关计算模型，做出交通噪声传播到居民区降至 55dB（A）的等值线，以该区域人口密度乘以污染区域大小，按人口密度不同分段计算，最后求总和，即得到人口暴露比及占城市人口总数的百分比。同理，污染区域及占城市面积总数亦可求出。

⑥ 噪声指数法

$$P=L_{eq}/K_s \tag{6-5}$$

式中　L_{eq}——城区等效平均声级；

　　　P——噪声指数；

　　　K_s——取 55dB(A)。

K_s 的取值根据不同功能区取不同的环境噪声标准值，一类混合区取 55，二类混合区取 60，工业集中区取 65 等。

噪声指数反映了现有的或预期的噪声强度与政府规定的标准的比值而反映出噪声的危害程度。

⑦ 区域评价值。整个城市区域的噪声评价值是以各测量点的 L_{10}、L_{50}、L_{90} 及 L_{eq} 值的算术平均值来表示。

整个城市交通干线噪声评价值是以各测量点的噪声级 L_k，并以各点所代表的路段 D_k（m）加权平均求得。计权公式为

$$L=\frac{1}{D}\sum_{k=1}^{n}L_k D_k \quad dB(A) \tag{6-6}$$

式中　D——全市交通干线的总长度，km；

　　　D_k——第 k 段干线的长度，km；

　　　L_k——第 k 段干线的噪声级，dB（A）。

⑧ 噪声冲击次数。对环境噪声评价较合理的办法主要考虑受影响地区人口的密度分布。由于噪声冲击指数 N，把人口因素加权，因此它成为评价区域环境的一种好方法，噪声冲击指数计算公式如下。其中 $TW_i P_i=\sum E_i P_i$ 为总的计权人口。

$$N_I=\frac{TW_i P_i}{\sum P_i} \tag{6-7}$$

式中　W_i——某干扰声级的计权因子；

　　　P_i——某干扰声级下的人口；

　　　$\sum P_i$——总人口。

6.2 噪声控制方案的选定

6.2.1 选择原则

噪声控制方案的确定，一般是在对噪声环境进行现场详细调查后进行的。在进行具体控制技术的选择同时，须遵循以下几点原则。

6.2.1.1 方案的多样性

由于某些环境噪声复杂多样性，故在考虑控制方案时，控制措施可以是单一的，也可以是综合的。例如，由于噪声对听者干扰形成的特殊性（即声源、声音传播途径和接受者三个因素同时存在），在控制途径的选定上，一般应把这三个方面放在一起综合考虑。

6.2.1.2 方案的综合性

在选择控制方案时，既要考虑声学效果，也要注意经济合理、切实有效。因此，在进行控制方案的选择时，除考虑声学效果外，还应兼顾到通风、采光、工人操作、设备正常运行及投资多少等因素。

6.2.2 选择程序

6.2.2.1 声源现场调查

在采取噪声控制措施之前，对实际噪声现场进行调查。调查的重点是弄清楚现场中的主要噪声源及产生噪声的原因，同时也要弄清楚噪声传播的途径，以供在研究噪声控制措施时，结合现场具体情况进行考虑，或者加以利用。在噪声调查中，根据需要可绘制出工厂（或其他区域）的噪声分布图。

6.2.2.2 确定减噪声

把调查噪声现场的资料数据与各种噪声标准（包括国际、部标及地方或企业标准）进行比较，确定所需降低噪声的数值（包括噪声级和各频带声压级所需降低 dB 数）。一般说来，这个数值越大，表明噪声问题越严重，采取噪声控制措施越迫切。

6.2.2.3 选定噪声控制方案

以上述工作为基础，分清轻重缓急，选定控制噪声的实施方案。在具体确定方案时，要根据现场情况，因地制宜，既要考虑声学效果，也要注意经济合理，切实可行。控制措施可以是单项的，也可以是综合性的。对措施的声学效果，要进行必要的估算，有时甚至需要进行必要的实验，切不可主观地认为"采取措施比不采取措施更好一些"。还要注意的一点是，采取措施要有针对性，抓住主要矛盾。例如，球磨机的噪声要比电动机的噪声高，针对球磨机采取措施就可以收到良好的效果；反之，则劳而无功。

总之，在噪声控制措施实施后，应及时对其降噪效果进行分析评价。如果未达到预定效果，应及时查找原因，分析总结，并根据实际情况补加新措施，直至达到预期效果。

小　　结

通过本章的介绍，旨在让读者对环境噪声控制及评价有一个初步的认识。以下回顾一下本章的主要内容。

- 环境噪声评价概述
- 环境噪声评价基本程序
- 环境噪声测量方案的确定
- 噪声控制方案的选择

在以上所列内容中，应重点掌握测量方案的确定和控制方案的选择。总之，在学习了本章之后，希望读者能将其合理地应用于实践中。当然，要做到这一点，还须对各种控制技术有机地融合到一起，做到全面地认识与了解。

思考与练习

1. 环境噪声评价的方法包括哪两方面？二者有何区别？
2. 简述环境噪声评价的基本程序。
3. 在选择制定噪声控制方案时应遵循哪些原则？
4. 在进行城市区域噪声监测时，应注意哪些问题？
5. 对某城市生活小区进行噪声监测，每隔 10min 测取一个数据，然后每半小时求一个平均值，在一天内（8：00～20：00）得到以下数据（按时间顺序排列）：

序　　号	1	2	3	4	5	6	7	8	9	10	11	12
L_{eq}/dB	70.1	69.8	69.1	68.4	68.5	68.9	69.0	69.4	72.1	73.2	73.1	73.5
序　　号	13	14	15	16	17	18	19	20	21	22	23	24
L_{eq}/dB	70.1	71.2	69.8	69.0	68.2	68.5	69.5	69.9	71.3	74.3	72.9	73.0

6. 若对某城市的一条交通主干道进行噪声监测，试根据所学知识，制定一套简单的监测方案。若最后得到以下 10 个数据（将道路等分为 10 段）：

序　　号	1	2	3	4	5	6	7	8	9	10
L_{eq}/dB	80.5	79.2	81.1	81.0	83.4	84.2	80.3	78.6	77.9	80.1

试利用已学的评价模式，分析该道路的噪声污染情况。

7. 噪声控制技术应用

➜ 学习指南

在第六章阐述的理论知识的基础上，本章以实际训练为主要内容，列举了几种典型控制技术在化工设备、城市环境降噪等方面的应用实例及几项技能训练。主要目的是培养读者在该方面的应用、实践能力。

7.1 噪声控制技术应用实例

7.1.1 工业噪声

工业噪声的控制，最基本的控制对象就是化工设备，本节列举几个具有代表性的化工设备降噪实例，供读者参考。

7.1.1.1 噪声治理工程实例

(1) 北京香山饭店冷却塔的噪声治理 香山饭店位于北京西郊香山风景区，是北京高级宾馆之一，由于原设计的冷却塔未进行噪声控制处理，投入使用后其直达噪声已达 96～100dB（A），对附近居民产生不良影响。该冷却塔由两台 VXT800 冷却塔组成，属离心式风机逆流冷却塔。

该冷却塔的噪声主要为进风口噪声和出风口噪声，其噪声治理采用负压式消声器的噪声控制方案，即以隔声的方法隔绝风机、电机和塔体流水噪声。进排风口采用低阻组合片式消声器，进风消声器装在隔声室两侧下部，排风消声器在冷却塔上部，消声器出口背向居民住宅，不仅改变了噪声的传播方向，同时也起到了防雨罩的作用。

经过治理后，通过有关部门多次监测，扰民问题得以解决，取得预期的效果，得到了专家们的肯定，并以合理的噪声控制设计方案、明显的噪声控制效果、良好的安装质量荣获由北京市环保局和机械部颁发的优秀工程质量奖和优秀工程证书。

治理后降噪效果见表 7-1，治理方案见图 7-1，影响情况见图 7-2。

表 7-1 治理后的降噪效果

测量位置	原噪声级	治理后噪声级	减噪量	测量位置	原噪声级	治理后噪声级	减噪量
冷却塔口	86	62	24	南面屋面	86	61	25
西北角墙边	79	60	19	居民区环境	66	49	17
西南角墙边	76.5	58.5	18				

(2) 真空泵的噪声和振动治理 株洲冶炼厂的 4# 挥发炉是该厂重点改造项目之一，挥发炉的真空泵，用作输送烟灰和排放灰尘废气。真空泵设在三层楼的底层，二层为工人休息

室，三层为工段办公室，真空泵运转时的噪声与振动严重干扰了工人的休息、工作和办公，休息室工人感到胸闷、烦躁、呆不住，办公室内两个人隔着办公桌讲话都听不清。经实测，真空泵房内噪声为89～92dB(A)，室外真空泵排气口噪声106～116dB(A)，受排气噪声和泵房噪声的影响，二楼休息室窗口噪声90～93dB(A)，三楼办公室窗口噪声达78～89dB(A)。

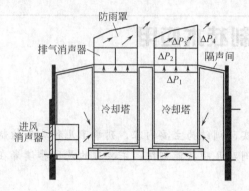

图 7-1　冷却塔治理方案

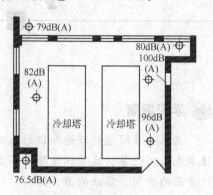

图 7-2　冷却塔噪声影响情况

所采用的噪声的振动控制措施为：

① 真空泵房用隔声门、窗全封闭以降低噪声，机房内用机械通风，进风口置在真空泵电机附近，以利散热。

② 为了降低混响声的干扰，在真空泵内墙壁作吸声处理。

③ 振动较大的真空泵的进排气管道与墙之间安装橡胶隔振装置，并在泵周围地面挖隔振沟。

④ 废气排放口设置防腐、防尘、防水雾的微孔板排气消声器，在管道下部的气水分离器作了阻尼隔声处理。其降噪效果见表7-2。经过治理以后，达到了预期的效果。治理工程平面图见图7-3。

表 7-2　治理后的降噪效果

测 量 位 置	原噪声级/dB(A)	治理后噪声级/dB(A)	减噪量/dB(A)	测 量 位 置	原噪声级/dB(A)	治理后噪声级/dB(A)	减噪量/dB(A)
泵房内	89～92	80.4～85.4	4～11	二楼休息窗口	90～93	62.3	27～30
排气口	106～116	77.9	28～38	三楼办公室窗口	79～89	53.5	25～35

7.1.1.2　夹河煤矿中央风井噪声治理

(1) 煤矿简介　徐州矿务集团有限公司夹河煤矿投产于1969年，原矿井设计能力为0.45Mt，后经挖潜改造后，生产能力逐年提高，近十几年来，产量始终稳定在1Mt以上。该矿中央风井位于工业广场东侧，原为空旷地带，由于附近农村介入，现该风井周围均被居民区围住，风井出风口噪声源距居民楼最近点1m左右。该风井安装2台K60型轴流式通风机，实际通风量为5100m/min，配有JS158功率为550kW电机2台。由于风井原设计风道短、扩散口低，风机外壳裸露在外，风道内消声片锈蚀严重，机房门窗年久损坏等原因，造成厂界噪声严重超标，年缴排污费7.68万元。因此，采取综合治理取得了明显的效果。

(2) 声源和频谱特性分析　该风井噪声主要来自电动机、通风机和出风口，其频谱特性见表7-3。

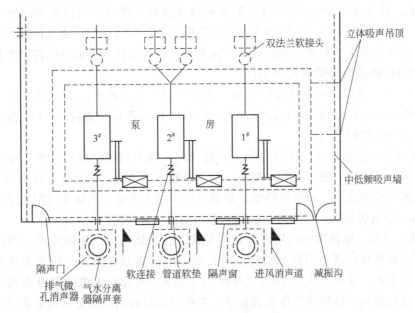

图 7-3 噪声治理工程平面图

表 7-3 噪声频谱特性/dB(A)

频谱/Hz	31.5	63	125	250	500	1000	2000	4000	8000
扩散口	77	79	87.5	78	71.5	65	60	59	52
通风机	75.5	73	80.5	82.5	83	75.5	71	71	57
电动机	72	71	80	83	82	85	80	80	63.5

风井扩散口既是通风机噪声的外排口又是含尘气流的排放口，是扰民的主要声源，是降噪的关键部分。

通风机噪声主要以机械噪声为主，还有叶轮噪声、机壳振动噪声和高速含尘气流通过通风机风叶时产生的噪声等组成，是降噪的重点。

通风机电机房噪声主要有电磁噪声、机械噪声和空气动力噪声三部分。电磁噪声是由定子与转子之间交变电磁引力、磁致伸缩引起的；机械噪声包括轴承噪声及电机转子不平衡、转子受"沟槽谐波力"作用等引起的振动而产生的噪声；空气动力噪声是由电动机冷却风扇引起的气流噪声。

（3）治理方案的选定 治理工程要求技术的先进和经济的合理性，治理后，风井最近距离厂界噪声降到二类混合区标准，即：昼间噪声最高值≤60dB，夜间噪声最高限值≤50dB。技术要求是不影响风井正常通风量，通风阻力损失增加值不超过10mmHg，材料符合防潮、阻燃、耐腐蚀、不需维修，使用年限在10年以上。为此提出以下治理措施。

① 风道及排风口的治理。风道及排风口噪声治理，按声学和空气动力学原理，在设计上选用复合消声降噪技术。

a. 砌筑消声塔。在扩散口内，用BT85吸声砖砌筑消声塔，在消声塔主体内，安装16片消声墙，其长度为3.2m，在消声片之间布置一层钢筋网，其作用是增加整体强度，同时形成多个类似蜂窝式结构的等效衰减消声器。这样一方面可增大吸声面积，另一方面也可相应提高噪声上限的失效频率。

b. 砌筑消声墙。采用BT-85陶粒吸声砖，在风机排风道中，砌筑16道消声砖墙，其间距为0.257m，长度为2.8m。当声波入射到砖体表面时，部分声波传播到材料内部，激发材料内空气分子和筋络，由于空气分子之间黏滞阻力和空气分子与筋络之间的摩擦阻力，使部分风声能转换热能而消耗掉，同时改变风流和声波传播方向，并起到阻滞消声作用。通过计算，在125Hz频段的降噪值为14dB。

c. 砌筑耦合驻波器。声波在传播途中，如果遇有相反方向的声波，具有干涉作用使声音减弱。根据这一特性，用陶粒砖砌筑耦合驻波器，在风道弯头铺衬2~4倍截面的吸声陶粒砖，以减少再生波的产生。

② 通风机噪声治理。该风井两台轴流式通风机，噪声治理前全部裸露在室外，噪声频率低、衰减慢、传播远、噪声污染范围大。根据这些实际情况，把两台风机采用砖结构加筑机房，在风机房两侧砌筑一道吸声砖墙，顶部采用工字钢大梁，上部用混凝土全封闭，检修门采用50mm厚钢板制作，与墙体接触部分采用垫层充分密闭。

③ 电机房降噪。电机房的门用消声材料制作，窗户该用双层加厚玻璃，周围用胶皮密闭处理；整个墙体和顶棚采用框架结构，内充填60mm玻璃丝绵，并用玻璃丝布护面，最外层铺设穿孔铝板，穿孔率大于75%，孔距为10mm。为保证电机的温升不超过规定，在设计时采用机械通风，将热空气排放到室外，并在进风口和出风口分别加装消声装置，改善通风条件，使电机有效运行。

（4）运行效果 该工程结束后，经过近一年的试运行，由徐州市环境监测站对改造后的风井进行了现场测试，厂界噪声值为98dB，居民敏感点噪声值为48dB，达到国家规定Ⅱ类混合区标准，取得了良好的治理效果。

7.1.2 城市环境噪声

城市环境噪声污染，尤其是交通噪声，严重影响了人们的学习、工作和生活。据不完全统计，我国有3390万人受到公路交通噪声影响，其中2700万人生活在高于70dB的噪声严重污染的环境中。此外，交通噪声还会影响公路沿线的经济发展。有资料表明，交通噪声每升高1dB，土地的价格就会下降0.08%~1.26%。因此随着可持续发展的观念逐步渗入国民经济的各个部门，交通噪声的危害将会越来越引起各界人士的重视，以下是关于上海市在交通噪声控制方面的一个实例。

题目：上海市轨道交通明珠线声屏障试验

7.1.2.1 轨道交通明珠线概况

上海市轨道交通明珠线一期工程利用原沪杭铁路内环线和淞沪铁路支线，南起漕河泾，到江湾镇，贯穿市中心5个区，全第24.97km。其中高架线21.46km，占全长的85.9%。地面线3.51km，占全长的14.1%。沿线两侧住宅、学校、机关、医院等对环境要求较高的主要噪声敏感目标共有18处。其中，噪声敏感目标距明珠线最近处小于5m，最远约50m，大部分距明珠线在10~30m之间。因此，为解决明珠线通车后沿线的噪声污染问题，必须在噪声敏感区域设置防噪声声屏障。

7.1.2.2 声屏障试验工程的声学设计

轨道交通明珠线声屏障试验工程的研究，从理论分析、效果计算到各次声学测试，均以《道路声屏障声学设计规范》有关规定为依据。声屏障降噪效果用插入损失（IL）描述。由于声屏障理论分析中所涉及的因素较多，同时现场环境状况复杂多变。因此，开展1:1实况模拟试验工程的研究具有说服力，也有实用价值。参照地铁列车每列6节总长度142m，实况模拟试验工程声屏障的长度设计为 250m。本次试验工程设计的声屏障，与今后轨道交通明珠线上建设的声屏障基本一致。

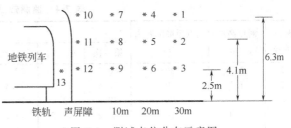

图 7-4 测试点位分布示意图

7.1.2.3 声屏障试验工程的现场声学测试

试验采用的声源类型为可控制的自然声，即与明珠线相类似的地铁列车的运行噪声。为确保声源的等效性，列车每次运行时速要在 75～80km/h 范围内，由于明珠线周围噪声敏感目标绝大多数在 10～30m 范围之内，由此设立本次试验工程测试点位均在 10～30m 之间，试验共设置 13 处测试点。测试点和参考点高度经计算分别为 2.5、4.1、6.3m，见图 7-4。按照直接测量法，声屏障的降噪效果评价量插入损失由式（7-1）计算所得。

$$IL = (L_b - L_{ref \cdot b}) - (L_a - L_{ref \cdot a}) \tag{7-1}$$

式中　IL ——声屏障插入损失；

L_b——接受点安装声屏障前的声压级；

$L_{ref \cdot b}$——参考点安装声屏障前的声压级；

L_a——接受点安装声屏障后的声压级；

$L_{ref \cdot a}$——参考点安装声屏障后的声压级。

各测点测量列车开过时的最大声级，取 10 次测试数据的算术平均值为该点的测试值。本次试验工程测试为 1∶1 实况模拟测试，现场测试共进行 8 次：

（1）无屏时地铁噪声及参考点声级的测试；

（2）安装 1.6m 高外防护墙（彩钢板）；

（3）外防护墙内安装超细玻璃棉板；

（4）外防护墙内安装双层微穿孔板；

（5）下部为 125m 双层微穿孔板和 125m 超细玻璃棉板吸声结构，中部安装 PVC 板；

（6）安装上部吸声屏体（中部为 PC 板）；

（7）安装上部吸声屏体（中部为复合玻璃棉板）；

（8）下部为 125m 双层微空孔板和 125m 超细玻璃棉板吸声结构，中部安装复合玻璃棉板。

7.1.2.4 声屏障试验工程现场测试结果

8 次测试结果汇总如表 7-4。表 7-5 为根据式（7-1）计算得到声屏障外各测点在不同结构声屏障下的插入损失。

7.1.2.5 结论

（1）试验工程表明设计良好的声屏障确实具有显著的降噪声作用。整体 4.4m 高的声屏障在 10～30m 范围内最小可获得 13～15dB（A）的降噪效果，如用在明珠线高架上其作用相当于可以使同样距离处的六层以下多层建筑窗外，最大声级小于 70dB（A）；在行车间隔每小时 10 对（昼间，双向）或 6 对（夜间，双向）的条件下，均达到国家城市区域环境噪声交通干线两侧四类适用区的等效声级标准值——昼间 70dB（A），夜间 55dB（A）要求。

表 7-4　监测数据总汇

测点编号	测点高度/m	测点距屏障距离/m	L_{max}平均声级/dB(A)							
			第一次	第二次	第三次	第四次	第五次	第六次	第七次	第八次
1	6.3	30	80.2	73.7	72.7	74.4	71.9	67.0	65.9	72.0
2	4.1	30	79.8	72.3	71.4	73.2	70.4	67.2	68.1	69.7
3	2.5	30	77.9	71.4	70.0	73.1	69.4	65.4	64.7	69.1
4	6.3	20	80.6	75.8	74.3	75.1	73.1	66.5	68.2	72.6
5	4.1	20	80.6	73.1	71.9	73.0	69.9	65.1	65.4	70.2
6	2.5	20	79.4	73.0	71.3	73.1	70.0	64.8	64.3	69.2
7	6.3	10			81.4	83.4	82.2	73.5	71.5	79.2
8	4.1	10	85.5	81.8	81.9	80.0	77.2	70.5	69.7	75.8
9	2.5	10	85.3	79.8	82.9	82.9	79.2	73.0	69.0	74.4
10	6.3	0	87.9	84.7	85.7	87.0	86.5	87.6	86.6	87.8
11	4.1	0	91.2	89.3	88.8	91.8	92.9			94.1
12	2.5	0	92.6	92.5	92.7	93.8				
13	1.6	−1	97.1	96.7	96.6	97.8	96.5	96.8	96.1	96.1

表 7-5　不同结构声屏障的插入损失

测点编号	测点高度/m	测点距屏障距离/m	插入损失 IL/dB(A)						
			第二次	第三次	第四次	第五次	第六次	第七次	第八次
1	6.3	30	6.4	7.6	7.0	10.0	12.9	13.0	11.1
2	4.1	30	7.4	8.5	7.8	11.1	12.3	10.4	13.0
3	2.5	30	6.4	8.0	6.0	10.2	12.2	11.9	11.7
4	6.3	20	4.3	6.0	6.3	8.8	13.4	10.7	10.5
5	4.1	20	7.4	8.8	8.8	12.4	15.2	13.9	13.3
6	2.5	20	6.3	8.2	7.5	11.1	14.3	13.8	13.1
7	6.3	10							
8	4.1	10	3.6	3.7	6.7	10.0	14.7	14.5	12.6
9	2.5	10	5.4	2.5	3.6	7.8	12.0	15.0	13.8

（2）依靠防护墙外侧统一安装的具备一定隔声性能的 1.6m 高彩钢板，与无墙时相比，在上述沿线 10～30m 范围内能降低噪声 6dB（A）左右；当防护墙内侧增设吸声层后，降噪效果还有一定提高。当防护墙上仅增设 1.3m 高透明窗，而省去上部弧形吸声屏时，沿线 10～30m 范围内的降噪效果，比整体声屏障明显缩小，差值达 5dB（A）之多。

（3）明珠线高架沿线遇有敏感目标为多层建筑的路段 30m 以外的敏感区域路段，建议直接采用 1.6m 高的声屏障。

（4）试验工程中首次采用的 PVC 塑钢窗框和大面积复合玻璃透明屏以及弧形彩钢板吸声屏组合的全新结构形式，在降噪性能、安全保障和景观要求方面均具有良好的效果。同时，试验工程中首次开发试制了 PVC 全塑双层微孔分隔板无纤维类的新颖吸声材料和结构，为克服纤维类吸声材料的缺点，作了探索，获得了初步经验。

7.2　噪声控制技术应用技能训练

7.2.1　城市交通环境噪声控制

7.2.1.1　实训目的

（1）掌握城市交通噪声控制的几种方法；

（2）通过实训结果（或结论）确定最佳控制方案。

7.2.1.2 技能要求

（1）掌握各种降噪技术的设计；

（2）掌握环境噪声的测量方法。

7.2.1.3 实训原理

本实训采用模拟现场噪声源，通过各种控制措施的运用，达到降低噪声的目的。在此过程中，需要确定环境噪声源的模拟比（主要是指现场环境噪声与模拟环境噪声的 dB 比值），进行噪声的测量，在降噪前后分别进行两次，最后对降噪效果进行评价。本实训地点的噪声源，要求必须是除模拟噪声源外，尽量没有其他夹杂的噪声。

7.2.1.4 实训仪器

隔声屏障　吸声材料　声级计　模拟噪声源

7.2.1.5 实训步骤

（1）模拟噪声源噪声的测量

① 参考点噪声测量。在进行降噪前噪声测量时，应先设一参考点，然后测其声压级，该值测 3～4 次，取平均值，作为最后的参考值。

② 噪声源噪声测量。在进行模拟噪声的测量时，分水平距离和垂直高度进行测量，水平距离取 3～5 个点，垂直高度取 $(3 \sim 5) \times 3$ 个点每个点测取 2 个数据，取其平均值，作为该点的测试值（声压级），以 L_b 表示。

（2）降噪后噪声的测量　参考点噪声测量同上[7.2.1.5(1)]。

在进行模拟噪声的测量时，每种隔声屏障分水平距离和垂直高度进行测量，水平距离取 3～5 个点，垂直高度取 $(3 \sim 5) \times 3$ 个点，每个点测取 2 个数据，取其平均值，作为该点的测试值（声压级），以 L_a 表示。声屏障的降噪效果通过插入损失量（IL）进行评价，插入损失由式（7-1）计算所得。

（3）降噪效果的评价　通过数据处理，分析比较各点降噪效果的程度，从而确定最佳隔声材料和最佳隔声范围。

7.2.1.6 数据记录与处理

（1）数据记录　见表 7-6～表 7-10。

表 7-6　降噪前参考点噪声值

测量次数	1	2	3	4	平均值
声压级/dB(A)					

表 7-7　降噪前不同点的噪声测量值

测量点/m	(0.5,0.2)	(1.0,0.2)	(1.5,0.2)	(2.0,0.2)	(2.5,0.2)	(0.5,0.4)	(1.0,0.4)	(1.5,0.4)
声压级/dB(A)								
测量点/m	(2.0,0.4)	(2.5,0.4)	(0.5,0.6)	(1.0,0.6)	(1.5,0.6)	(2.0,0.6)	(2.5,0.6)	
声压级/dB(A)								

表 7-8　降噪后参考点噪声值

测量次数	1	2	3	4	平均值
声压级/dB(A)					

表 7-9　降噪后不同点的噪声测量值

测量点/m	(0.5,0.2)	(1.0,0.2)	(1.5,0.2)	(2.0,0.2)	(2.5,0.2)	(0.5,0.4)	(1.0,0.4)	(1.5,0.4)
声压级/dB(A)								
测量点/m	(2.0,0.4)	(2.5,0.4)	(0.5,0.6)	(1.0,0.6)	(1.5,0.6)	(2.0,0.6)	(2.5,0.6)	
声压级/dB(A)								

（2）数据处理　对降噪后各点声压级值用式计算出其插入损失，列入表 7-10。

表 7-10　降噪后不同点的插入损失

测量点/m	(0.5,0.2)	(1.0,0.2)	(1.5,0.2)	(2.0,0.2)	(2.5,0.2)	(0.5,0.4)	(1.0,0.4)	(1.5,0.4)
插入损失/dB(A)								
测量点/m	(2.0,0.4)	(2.5,0.4)	(0.5,0.6)	(1.0,0.6)	(1.5,0.6)	(2.0,0.6)	(2.5,0.6)	
插入损失/dB(A)								

＊7.2.2　化工设备噪声控制

7.2.2.1　实训目的

（1）初步了解如何去识别化工设备的发声特点；

（2）掌握几种典型噪声控制技术在化工设备降噪上的综合应用。

7.2.2.2　技能要求

（1）熟练识别化工设备噪声发声源；

（2）针对不同的噪声特性选择不同的降噪技术；

（3）对不同的噪声进行熟练测量；

（4）对化工设备噪声影响进行综合评价。

7.2.2.3　实训原理

一般来讲，每一种化工设备都是一个综合噪声源，本实验以空压机为实验对象，其也是一个综合噪声源，亦即是个多部位发声体，在噪声控制上要相对各部位发声情况有明确了解，以便采取有效措施加以控制。以下介绍两种对空压机噪声进行鉴别的方法。

（1）近场测量法　在声源的近场区进行声压测量，以区别各位的声源，这是一种简单易行的办法。其方法是采用消声圆筒减少周围环境影响引起的误差，使用时注意机器和消声圆筒之间要密封而且隔振。

（2）相干函数法　相干函数是反映信号 $Y(t)$ 在数量在多大程度来源于信号 $X(t)$，即相干函数在频域反映信号的相关性。相干函数定义式：

$$r_{xy} = \sqrt{\frac{|G_{xy}(f)|^2}{G_x(f)G_y(f)}} \qquad (0 \leqslant r_{xy} \leqslant 1) \tag{7-2}$$

式中 $G_{xy}(f)$ 称为互谱，它的一个重要作用是用相干函数形式体现，即对分析噪声来源提供了依据。

通常当 $r_{xy}>0.6$，可认为某频率噪声是内部振动引起；$r_{xy}<0.6$，不是振动引起的辐射噪声。

在鉴别了空压机噪声源的基础上，对空压机进行噪声测试（控制前后）、评价。

7.2.2.4 实训仪器

空压机 消声器 隔声罩 隔声器 阻尼材料

7.2.2.5 实训步骤

（1）噪声源识别 通过鉴别将噪声源分类，图 7-5 是关于本实验空压机发声部位的噪声分类。

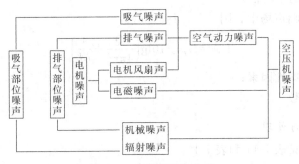

图 7-5 空压机噪声分类

（2）降噪前噪声测试

① 空压机测点布置。空压机测点高度距地面取 1.2m、1.4m、1.6m、1.8m 四点，当空压机高度<1m 时，测点高度取 1m。

测点离空压机最接近主要表面水平距离取 0.4m、0.6m、0.8m、1.0m，测点距离的选取，应根据设备大小而定，一般在 0.1~1.0m 范围内取。

当测点面对冷却风扇的气流时，则将该测点偏移 45°方向选取。

② 测试项目。空压机未运转时，在测点中选一点，测出背景 A、C 声级，每一点测取两个值，取其均值作为该点的声压级值。如果要对吸气口噪声进行单独测量时，应将吸气口与机器隔开或管道引出，测定距吸气口中心 0.5m，偏 45°方向，测量 A 声级以及九个倍频带声压级。

（3）噪声控制 空压机上不同部位噪声控制技术可能不一样，每一种特性的噪声选用相应的降噪设备。如，空压机上属于空气动力学噪声，一般选用消声器，辐射噪声一般用隔声罩，机械振动一般选用隔声器等，然后进行降噪后噪声测量。

（4）降噪后测试 空压机运转时，对每一测点，测量 A、C 声级。

（5）效果评价

① 可以直接通过降噪前后，A、C 声级的变化来进行直观评价。

② 通过以下关于化工设备的估算式进行评价。

$$L_W=125+10\lg\frac{N}{0.735}\quad（往复式压缩机）\tag{7-3}$$

$$L_W=20\lg\frac{N}{0.745}+50\lg\frac{v}{243}+81\quad（离心式压缩机）\tag{7-4}$$

$$L_W = 76 + 20 \lg \frac{N}{0.735} \text{（轴流式压缩机）} \tag{7-5}$$

式中　N——机、泵的功率，kW；

　　　v——叶尖线速度，m/s。

　　如果声源放置在混响声场中，则

$$L_W = L_p + 10 \lg R_r - 6 \tag{7-6}$$

$$R_r = \frac{\alpha}{1 - \alpha} S \tag{7-7}$$

式中　S——室内表面积；

　　　α——墙面的吸声系数；

　　　L_p——声压级的平均值。

　　如果放置于半混响声场中，则

$$L_W = L_p - 10 \lg \left(\frac{Q}{4\pi r^2} + \frac{4}{M} \right) \tag{7-8}$$

式中　Q——声源指向性因素；

　　　M——房间常数。

7.2.2.6　数据记录与处理

（1）数据记录　见表 7-11 和表 7-12。

表 7-11　降噪前不同点的噪声测量值

测量点/m	(0.4,1.2)	(0.4,1.4)	(0.4,1.6)	(0.4,1.8)	(0.6,1.2)	(0.6,1.4)	(0.6,1.6)	(0.6,1.8)
声级值/dB(A,C)								
测量点/m	(0.8,1.2)	(0.8,1.4)	(0.8,1.6)	(0.8,1.8)	(1.0,1.2)	(1.0,1.4)	(1.0,1.6)	(1.0,1.8)
声压级/dB(A,C)								

表 7-12　降噪后不同点的噪声测量值

测量点/m	(0.4,1.2)	(0.4,1.4)	(0.4,1.6)	(0.4,1.8)	(0.6,1.2)	(0.6,1.4)	(0.6,1.6)	(0.6,1.8)
声级值/dB(A,C)								
测量点/m	(0.8,1.2)	(0.8,1.4)	(0.8,1.6)	(0.8,1.8)	(1.0,1.2)	(1.0,1.4)	(1.0,1.6)	(1.0,1.8)
声压级/dB(A,C)								

（2）数据处理

① 测出的声级值应在取平均值之后，才能进行求取降噪前后差值，进行评价；

② 利用本实训所给公式进行评价，式（7-3）、式（7-4）、式（7-5）只需将设备的功率和叶尖线度代入即可；式（7-6）、式（7-8）则需在计算出评价声压级的基础上，将其代入（还有其他常数需查阅资料代入），即可得出声功率级。

小　结

在学完本章之后，应了解如下内容：

● 工业噪声应用实例

- 城市环境噪声应用实例
- 城市交通噪声监测与控制技能训练
- 化工设备噪声测量与控制技能训练

实例练习是对理论知识进行应用，技能训练则是进行现场操作。希望读者在掌握相关知识的基础上，通过本章的练习和训练，初步达到灵活应用各种噪声控制技术的目的。

附　录

附录1　中华人民共和国环境噪声污染防治法

（1996 年 10 月 29 日第八届全国人民代表大会常务委员会第二十二次会议通过，中华人民共和国主席令第 77 号公布）

第一章　总　　则

第一条　为防治环境噪声污染，保护和改善生活环境，保障人体健康，促进经济和社会发展，制定本法。

第二条　本法所称环境噪声，是指在工业生产、建筑施工、交通运输和社会生活中所产生的干扰周围生活环境的声音。

本法所称环境噪声污染，是指所产生的环境噪声超过国家规定的环境噪声排放标准，并干扰他人正常生活、工作和学习的现象。

第三条　本法适用于中华人民共和国领域内环境噪声污染的防治。因从事本职生产、经营工作受到噪声危害的防治，不适用本法。

第四条　国务院和地方各级人民政府应当将环境噪声污染防治工作纳入环境保护规划，并采取有利于声环境保护的经济、技术政策和措施。

第五条　地方各级人民政府在制定城乡建设规划时，应当充分考虑建设项目和区域开发、改造所产生的噪声对周围生活环境的影响，统筹规划，合理安排功能区和建设布局，防止或者减轻环境噪声污染。

第六条　国务院环境保护行政主管部门对全国环境噪声污染防治实施统一监督管理。县级以上地方人民政府环境保护行政主管部门对本行政区域内的环境噪声污染防治实施统一监督管理。

各级公安、交通、铁路、民航等主管部门和港务监督机构，根据各自的职责，对交通运输和社会生活噪声污染防治实施监督管理。

第七条　任何单位和个人都有保护声环境的义务，并有权对造成环境噪声污染的单位和个人进行检举和控告。

第八条　国家鼓励、支持环境噪声污染防治的科学研究、技术开发、推广先进的防治技术和普及防治环境噪声污染的科学知识。

第九条　对在环境噪声污染防治方面成绩显著的单位和个人，由人民政府给予奖励。

第二章　环境噪声污染防治的监督管理

第十条　国务院环境保护行政主管部门分别不同的功能区制定国家声环境质量标准。县级以上地方人民政府根据国家声环境质量标准，划定本行政区域内各类环境质量标准的适用区域，并进行管理。

第十一条　国务院环境保护行政主管部门根据国家声环境质量标准和国家经济、技术条件，制定国家环境噪声排放标准。

第十二条　城市规划部门在确定建设布局时，应当依据国家声环境质量标准和民用建筑隔声设计规范，合理划定建筑物与交通干线的防噪声距离，并提出相应的规划设计要求。

第十三条　新建、改建、扩建的建设项目，必须遵守国家有关建设项目环境保护管理的规定。

建设项目可能产生环境噪声污染的，建设单位必须提出环境影响报告书，规定环境噪声污染的防治措施，并按照国家规定的程序报环境保护行政主管部门批准。

环境影响报告书中，应当有该建设项目所在地单位和居民的意见。

第十四条　建设项目的环境噪声污染防治设施必须与主体工程同时设计、同时施工、同时投产使用。

建设项目在投入生产或者使用之前，其环境噪声污染防治设施必须经原审批环境影响报告书的环境保护行政主管部门验收；达不到国家规定要求的，该建设项目不得投入生产或者使用。

第十五条　产生环境噪声污染的企业事业单位，必须保持防治环境噪声污染的设施的正常使用；拆除或者闲置环境噪声污染防治设施的，必须事先报经所在地的县级以上地方人民政府环境保护行政主管部门批准。

第十六条　产生环境噪声污染的单位，应当采取措施进行治理，并按照国家规定缴纳超标准排污费。

征收的超标准排污费必须用于污染的防治，不得挪作他用。

第十七条　对于在噪声敏感建筑物集中区域内造成严重环境噪声污染的企业事业单位，限期治理。

被限期治理的单位必须按期完成治理任务。限期治理由县级以上人民政府按照国务院规定的权限决定。

对小型企业事业单位的限期治理，可以由县级以上人民政府在国务院规定的权限内授权其环境保护行政主管部门决定。

第十八条　国家对环境噪声污染严重的落后设备实行淘汰制度。

国务院经济综合主管部门应当会同国务院有关部门公布限期禁止生产、禁止销售、禁止进口的环境噪声污染严重的设备名录。

生产者、销售者或者进口者必须在国务院经济综合主管部门会同国务院有关部门规定的期限内分别停止生产、销售或者进口列入前款规定的名录中的设备。

第十九条　在城市范围内从事生产活动确需排放偶发性强烈噪声的，必须事先向当地公安机关提出申请，经批准后方可进行。当地公安机关应当向社会公告。

第二十条　国务院环境保护行政主管部门应当建立环境噪声监测制度，制定监测规范，并会同有关部门组织监测网络。

环境噪声监测机构应当按照国务院环境保护行政主管部门的规定报送环境噪声监测结果。

第二十一条　县级以上人民政府环境保护行政主管部门和其他环境噪声污染防治工作的监督管理部门、机构，有权依据各自的职责对管辖范围内排放环境噪声的单位进行现场检查。被检查的单位必须如实反映情况，并提供必要的资料。检查部门、机构应当为被检查的单位保守技术秘密和业务秘密。

检查人员进行现场检查，应当出示证件。

第三章　工业噪声污染防治

第二十二条　本法所称工业噪声，是指在工业生产活动中使用固定的设备时产生的干扰周围生活环境的声音。

第二十三条　在城市范围内向周围生活环境排放工业噪声的，应当符合国家规定的工业企业厂界环境噪声排放标准。

第二十四条　在工业生产中因使用固定的设备造成环境噪声污染的工业企业，必须按照国务院环境保护行政主管部门的规定，向所在地的县级以上地方人民政府环境保护行政主管部门申报拥有的造成环境噪声污染的设备的种类、数量以及在正常作业条件下所发出的噪声值和防治环境噪声污染的设施情况，并提供防治噪声污染的技术资料。

造成环境噪声污染的设备的种类、数量、噪声值和防治设施有重大改变的，必须及时申报，并采取应有的防治措施。

第二十五条　产生环境噪声污染的工业企业，应当采取有效措施，减轻噪声对周围生活环境的影响。

第二十六条　国务院有关主管部门对可能产生环境噪声污染的工业设备，应当根据环境保护的要求和国家的经济、技术条件，逐步在依法制定的产品的国家标准，行业标准中规定噪声限值。

前款规定的工业设备运行时发出的噪声值应当在有关技术文件中予以注明。

第四章　建筑施工噪声污染防治

第二十七条　本法所称建筑施工噪声，是指在建筑施工过程中产生的干扰周围生活环境的声音。

第二十八条　在城市市区范围内向周围生活环境排放建筑施工噪声的，应当符合国家规定的建筑施工场界环境噪声排放标准。

第二十九条　在城市市区范围内，建筑施工过程中使用机械设备，可能产生环境噪声污染的，施工单位必须在工程开工十五日以前向工程所在地县级以上地方人民政府环境保护行政主管部门申报该工程的项目名称、施工场所和期限、可能产生的环境噪声值以及所采取的环境噪声污染防治措施的情况。

第三十条　在城市市区噪声敏感建筑物集中区域内，禁止夜间进行产生环境噪声污染的建筑施工作业，但抢修、抢险作业和因生产工艺上要求或者特殊需要必须连续作业的除外。因特殊需要必须连续作业的，必须有县级以上人民政府或者其有关主管部门的证明。

前款规定的夜间作业，必须公告附近居民。

第五章　交通运输噪声污染防治

第三十一条　本法所称交通运输噪声，是指机动车辆、铁路机车、机动船舶、航空器等交通运输工具在运行时所产生的干扰周围生活环境的声音。

第三十二条　禁止制造、销售或者进口超过规定的噪声限值的汽车。

第三十三条　在城市市区范围内行驶的机动车辆的消声器和喇叭必须符合国家规定的要求。机动车辆必须加强维修和保养，保持技术性能良好，防治环境噪声污染。

第三十四条 机动车辆在城市市区范围内行驶，机动船舶在城市市区的内河航道航行，铁路机车驶经或者进入城市市区、疗养区时，必须按照规定使用声响装置。

警车、消防车、工程抢险车、救护车等机动车辆安装、使用警报器，必须符合国务院公安部门的规定：在执行非紧急任务时，禁止使用警报器。

第三十五条 城市人民政府公安机关可以根据本地城市市区区域声环境保护的需要，划定禁止机动车辆行驶和禁止其使用声响装置的路段和时间，并向社会公告。

第三十六条 建设经过已有的噪声敏感建筑物集中区域的高速公路和城市高架、轻轨道路，有可能造成环境噪声污染的，应当设置声屏障或者采取其他有效的控制环境噪声污染的措施。

第三十七条 在已有的城市交通干线的两侧建设噪声敏感建筑物的，建设单位应当按照国家规定间隔一定距离，并采取减轻、避免交通噪声影响的措施。

第三十八条 在车站、铁路编组站、港口、码头、航空港等地指挥作业时使用广播喇叭的，应当控制音量，减轻噪声对周围生活环境的影响。

第三十九条 穿越城市居民区、文教区的铁路，因铁路机车运行造成环境噪声污染的，当地城市人民政府当应组织铁路部门和其他有关部门，制定减轻环境噪声污染的规划。铁路部门和其他有关部门应当按照规划的要求，采取有效措施，减轻环境噪声污染。

第四十条 除起飞、降落或者依法规定的情形以外，民用航空器不得飞越城市市区上空。

城市人民政府应当在航空器起飞、降落的净空周围划定限制建设噪声敏感建筑物的区域；在该区域内建设噪声敏感建筑物的，建设单位应当采取减轻、避免航空器运行时产生的噪声影响的措施。民航部门应当采取有效措施，减轻环境噪声污染。

第六章　社会生活噪声污染防治

第四十一条 本法所称社会生活噪声，是指人为活动所产生的除工业噪声、建筑施工噪声和交通运输噪声之外的干扰周围生活环境的声音。

第四十二条 在城市市区噪声敏感建筑物集中区域内，因商业经营活动中使用固定设备造成环境噪声污染的商业企业，必须按照国务院环境保护行政主管部门的规定，向所在地的县级以上地方人民政府环境保护行政主管部门申报拥有的造成环境噪声污染的设备的状况和防治环境噪声的污染设施的情况。

第四十三条 新建营业性文化娱乐场所的边界噪声必须符合国家规定的环境噪声排放标准；不符合国家规定的环境噪声排放标准的，文化行政主管部门不得核发文化经营许可证，工商行政管理部门不得核发营业执照。

经营中的文化娱乐场所，其经营管理者必须采取有效措施，使其边界噪声不超过国家规定的环境噪声排放标准。

第四十四条 禁止在商业经营活动中使用高音广播喇叭或者采用其他发出高噪声的方法招揽顾客。

在商业经营活动中使用空调器、冷却塔等可能产生环境噪声污染的设备、设施的，其经营管理者应当采取措施，使其边界噪声不超过国家规定的环境噪声排放标准。

第四十五条 禁止任何单位、个人在城市市区噪声敏感建筑物集中区域内使用高音广播喇叭。

在城市市区街道、广场、公园等公共场所组织娱乐、集会等活动，使用音响器材可能产生干扰周围生活环境的过大音量的，必须遵守当地公安机关的规定。

第四十六条　使用家用电器、乐器或者进行其他家庭室内娱乐活动时，应当控制音量或者采取其他有效措施，避免对周围居民造成环境噪声污染。

第四十七条　在已竣工交付使用的住宅楼进行室内装修活动，应当限制作业时间，并采取其他有效措施，以减轻、避免对周围居民造成环境噪声污染。

第七章　法律责任

第四十八条　违反本法第十四条的规定，建设项目中需要配套建设的环境噪声污染防治设施没有建成或者没有达到国家规定的要求，擅自投入生产或者使用的，由批准该建设项目的环境影响报告书的环境保护行政主管部门责令停止生产或者使用，可以并处罚款。

第四十九条　违反本法规定，拒报或者谎报规定的环境噪声排放申报事项的，县级以上地方人民政府环境保护行政主管部门可以根据不同情节，给予警告或者处以罚款。

第五十条　违反本法第十五条的规定，未经环境保护行政主管部门批准，擅自拆除或者闲置环境噪声污染防治设施，致使环境噪声排放超过规定标准的，由县级以上地方人民政府环境保护行政主管部门责令改正，并处罚款。

第五十一条　违反本法第十六条的规定，不按照国家规定缴纳超标准排污费的，县级以上地方人民政府环境保护行政主管部门可以根据不同情节，给予警告或者处以罚款。

第五十二条　违反本法第十七条的规定，对经限期治理逾期未完成治理任务的企业事业单位，除依照国家规定加收超标准排污费外，可以根据所造成的危害后果处以罚款，或者责令停业、搬迁、关闭。

前款规定的罚款由环境保护行政主管部门决定。责令停业、搬迁、关闭由县级以上人民政府按照国务院规定的权限决定。

第五十三条　违反本法第十八条的规定，生产、销售、进口禁止生产、销售、进口的设备的，由县级以上人民政府经济综合主管部门责令改正；情节严重的，由县级以上人民政府经济综合主管部门提出意见，报请同级人民政府按照国务院规定的权限责令停业、关闭。

第五十四条　违反本法第十九条的规定，未经当地公安机关批准，进行产生偶发性强烈噪声活动的，由公安机关根据不同情节给予警告或者处以罚款。

第五十五条　排放环境噪声的单位违反本法第二十一条的规定，拒绝环境保护行政主管部门或者其他依照本法规定行使环境噪声监督管理权的部门、机构现场检查或者在被检查时弄虚作假的，环境保护行政主管部门或者其他依照本法规定行使环境噪声监督管理权的监督管理部门、机构可以根据不同情节，给予警告或者处以罚款。

第五十六条　建筑施工单位违反本法第三十条第一款的规定，在城市市区噪声敏感建筑物集中区域内，夜间进行禁止进行的产生环境噪声污染的建筑施工作业的，由工程所在地县级以上地方人民政府环境保护行政主管部门责令改正，可以并处罚款。

第五十七条　违反本法第三十四条的规定，机动车辆不按照规定使用声响装置的，由当地公安机关根据不同情节给予警告或者处以罚款。

机动船舶有前款违法行为的，由港务监督机构根据不同情节给予警告或者处以罚款。铁路机车有第一款违法行为的，由铁路主管部门对有关责任人员给予行政处分。

第五十八条　违反本法规定，有下列行为之一的，由公安机关给予警告，可以并处罚款：

（一）在城市市区噪声敏感建筑物集中区域内使用高音广播喇叭；

（二）违反当地公安机关的规定，在城市市区街道、广场、公园等公共场所组织娱乐、集会等活动，使用音响器材，产生干扰周围生活环境的过大音量的；

（三）未按本法第四十六条和第四十七条规定采取措施，从家庭室内发出严重干扰周围居民生活的环境噪声的。

第五十九条 违反本法第四十三条第二款、第四十四条第二款的规定，造成环境噪声污染的，由县级以上地方人民政府环境保护行政主管部门责令改正，可以并处罚款。

第六十条 违反本法第四十四条第一款的规定，造成环境噪声污染的，由公安机关责令改正，可以并处罚款。

省级以上人民政府依法决定由县级以上地方人民政府环境保护行政主管部门行使前款规定的行政处罚权的，从其决定。

第六十一条 受到环境噪声污染危害的单位和个人，有权要求加害人排除危害；造成损失的，依法赔偿损失。

赔偿责任和赔偿金额的纠纷，可以根据当事人的请求，由环境保护行政主管部门或者其他环境噪声污染防治工作的监督管理部门、机构调解处理；调解不成的，当事人可以向人民法院起诉。当事人也可以直接向人民法院起诉。

第六十二条 环境噪声污染防治监督管理人员滥用职权、玩忽职守、徇私舞弊的，由其所在单位或者上级主管机关给予行政处分；构成犯罪的，依法追究刑事责任。

第八章 附 则

第六十三条 本法中下列用语的含义是：

（一）"噪声排放"是指噪声源向周围生活环境辐射噪声。

（二）"噪声敏感建筑物"是指医院、学校、机关、科研单位、住宅等需要保持安静的建筑物。

（三）"噪声敏感建筑物集中区域"是指医疗区、文教科研区和以机关或者居民住宅为主的区域。

（四）"夜间"是指晚二十二点至晨六点之间的期间。

（五）"机动车辆"是指汽车和摩托车。

第六十四条 本法自1997年3月1日起施行。1989年9月26日国务院发布的《中华人民共和国环境噪声污染防治条例》同时废止。

附录2 建设环境噪声达标区管理规范

为指导和推动我国城市环境噪声达标区的建设与管理工作而制定本规范。

一、环境噪声达标区（以下简称"达标区"）基本要求

"达标区"系指在《城市区域环境噪声标准》（GB 3096—93）适用区域划分的基础上，经过强化环境噪声的管理，使得区域内环境噪声水平和环境噪声管理措施达到以下各项要求的单一功能区域。

1. 区域环境噪声平均等效声级达到该区域所执行的环境噪声标准。

2. 区域内90%以上的固定噪声源（包括向周围生活环境排放噪声的企事业单位）的边

界噪声不超过该区域所执行的《工业企业厂界噪声标准》；未达到排放标准的固定噪声源，其边界噪声不得超过标准5dB。

3. 区域内的建筑施工噪声不超过《建筑施工场界噪声限值》；并有针对该区域内建筑施工噪声管理的具体规定。

4. 区域内对道路交通噪声、社会生活噪声有具体和完善的控制措施和管理规定。

二、达标区应执行的环境噪声标准

GB 3096—93《城市区域环境噪声标准》

GB/T 14623—93《城市区域环境噪声测量方法》

GB 12348—90《工业企业厂界噪声标准》

GB 12349—90《工业企业厂界噪声测量方法》

GB 12523—90《建筑施工场界噪声标准》

GB 12524—90《建筑施工场界噪声测量方法》

三、达标区建设的管理

1. "达标区"的建设工作由当地环境保护行政主管部门负责，各有关部门分工合作。

2. 在政府批准的《城市区域环境噪声标准》适用区域划分的基础上，选取建设"达标区"的区域。为体现保护人群这一宗旨，应优先选择环境噪声污染重、人口密集、群众反映强烈的区域。

3. 绘制"达标区"地形图，对区域内的人口、建筑物及所在单位等进行调查，统计分析，为建设达标区提供科学依据。

4. 由环境监测部门对区域的各类环境噪声（区域环境噪声、交通噪声、固定噪声源和建筑施工场界噪声）进行调查与测量，提交调查测量结果和分析评价报告。

5. 根据"达标区"要求和区域环境噪声污染情况，制定切实可行的噪声治理方案，明确责任，认真组织实施，以达到本规范要求。

6. 根据国家和地方环境噪声管理的有关规定，制定针对防治区域内道路交通噪声、建筑施工噪声和社会生活噪声污染的管理措施，便于共同遵守和公众参与。

7. 由环境监测部门根据第4条规定的环境噪声监测项目和要求，对建设后的环境噪声状况进行测量，并提交准确无误的监测报告。

8. 由建设"达标区"部门根据本规范的具体要求，对"达标区"建设的组织工作、监测工作、管理和治理措施及各项要求的完成情况和投资效益等方面进行总结分析，提出建设报告。

9. 建立健全建设"达标区"的环境噪声污染源档案和环境监测档案，以备查询。

10. "达标区"建成后由上级政府环境保护行政主管部门组织验收。

四、达标区的环境噪声监测

1. 区域环境噪声的监测按 GB/T 14623—93《城市区域环境噪声测量方法》中的网格法执行，无论"达标区"的面积大小，有效网格数均应大于100个。

2. 道路交通噪声的监测按《环境监测技术规范（噪声部分）》执行。

3. 固定噪声源边界噪声的监测按 GB 12349—90《工业企业厂界噪声测量方法》执行。每一个企事业单位的闭合边界按一个噪声源统计，同时列出造成污染的主要设备。边界上任意一点超标，按该噪声源超标统计。

4. 建筑施工噪声的监测 GB 12524—90《建设施工场界噪声测量方法》执行。

五、"达标区"的验收

1. 由组织建设"达标区"的单位向验收部门提交验收申请报告和有关送审材料（包括建设"达标区"综合报告：区域环境噪声和固定声源边界噪声以及建筑施工噪声的监测数据资料及图件；交通噪声和社会生活噪声的控制措施及管理规定）。

2. 验收单位根据"达标区"要求，进行以下几方面的审查验收：政府批准《城市区域环境噪声标准》适用区域划分的文件；"达标区"的固定噪声源档案，区域环境噪声、道路交通噪声、固定声源边界噪声、建筑施工噪声的监测材料及图件。

"达标区"内道路交通噪声、建筑施工噪声和社会生活噪声管理的行政规定是否健全完善，是否得当有效；

对固定噪声源的噪声水平进行随机抽样验收，抽样率不得小于20%。

3. 如有必要，可对"达标区"的区域环境噪声进行全面复测。

4. 验收符合"达标区"基本要求者，由验收部门确认为"达标区"。

六、"达标区"的日常管理

1. 建成后的"达标区"必须有专人负责管理。

2. 加强对"达标区"内噪声源和噪声管理规定执行情况检查，巩固取得的成果。

3. "达标区"内应安装明显的标识牌（如"达标区"标牌、环境噪声显示牌），不断提高"达标区"内居民的环境保护意识，便于公众对"达标区"的维护和监督。

4. 已建成的"达标区"每两年复测（查）一次，达不到本规范规定要求的区域，取消"达标区"资格。

5. 各级政府环境保护行政主管部门每年将建设"达标区"工作情况向上级环境保护行政主管部门提交总结报告。

本规范从公布之日起执行。

附录3 工业企业厂界噪声标准

批准日期：1990/01/01
实施日期：1990/01/01

中华人民共和国国家标准
工业企业厂界噪声标准
Standard of noise at boundary of industrial enterprises
GB 12348—90

本标准为贯彻《中华人民共和国环境保护法》及《中华人民共和国环境噪声污染防治条例》，控制工业企业厂界噪声危害而制订。

1 标准的适用范围

本标准适用于工厂及有可能造成噪声污染的企事业单位的边界。

1.1 标准值各类厂界噪声标准值列于下表：等效声级 $L_{eq}/dB(A)$

类别	昼间	夜间	类别	昼间	夜间
I	55	45	III	65	55
II	60	50	IV	70	55

1.2 各类标准适用范围规定

1.2.1 Ⅰ类标准适用于以居住、文教机关为主的区域。

1.2.2 Ⅱ类标准适用于居住、商业、工业混杂区及商业中心区。

1.2.3 Ⅲ类标准适用于工业区。

1.2.4 Ⅳ类标准适用于交通干线道路两侧区域。

1.2.5 各类标准适用范围由地方人民政府划定。

1.3 夜间频繁突发的噪声（如排气噪声）。其峰值不准超过标准值 10dB(A)，夜间偶然突发的噪声（如短促鸣笛声），其峰值不准超过标准值 15dB(A)。

1.4 本标准昼间、夜间的时间由当地人民政府按当地习惯和季节变化划定。

2 引用标准

GB 12349 工业企业厂界噪声测量方法

3 监测方法

按 GB 12349 执行。

附加说明：

本标准由国家环境保护总局提出。

本标准由国家环境保护总局负责解释。

［环控（1994）270 号］

附录4 铁路边界噪声限值及其测量方法

批准日期：1990/11/09

实施日期：1991/03/01

铁路边界噪声限值及其测量方法
GB 12525—90

1 主题内容与适用范围

本标准规定了城市铁路边界处铁路噪声的限值及其测量方法。

本标准适用对城市铁路边界噪声的评价。

2 引用标准

GB 3785 声级计的电、声性能及测量方法。

GB 3222 城市环境噪声测量方法。

3 名词术语

3.1 铁路噪声 railway noise

系指机车车辆运行中所产生的噪声。

3.2 铁路边界 boundary alongside railway line

系指距铁路外侧轨道中心线 30m 处。

3.3 背景噪声 background noise

系指无机车车辆通过时测点的环境噪声。

4 铁路边界噪声限值

表 1 等效声级 L_{eq}/dB(A)

昼间	70
夜间	70

5 测量方法

5.1 测点原则上选在铁路边界高于地面 1.2m，距反射物不小于 1m 处。

5.2 测量条件

5.2.1 测量仪器：应符合 GB 3785 中规定的 Ⅱ 型或 Ⅱ 型以上的积分声级计或其他相同精度的测量仪器。测量时用"快挡"，采样间隔不大于 1s。

5.2.2 气象条件：应符合 GB 3222 中规定的气象条件，选在无雨雪的天气中进行测量。仪器应加风罩，四级风以上停止测量。

5.3 测量内容及测量值

5.3.1 测量时间：昼夜、夜间各选在接近机车车辆运行平均密度的某一个小时，用其分别代表昼间、夜间。必要时，昼间或夜间分别进行全市段测量。

5.3.2 用积分声级计（或具有同功能的其他测量仪器）读取 1H 的等效声级 (A)：dB。

5.4 背景噪声应比铁路噪声低 10dB(A) 以上，若两者声级差值小于 10dB(A)，按表 2 修正。

表 2 dB(A)

差值	3	4～5	6～9
修正值	−3	−2	−1

6 测量报告

测量报告应包括以下内容：

A. 测量仪器；

B. 测量环境（测点距轨面相对高度，几股线路，测点与轨道之间的地面状况，如土地、草地等）；

C. 车流密度（每小时通过机车车辆数）；

D. 背景噪声声级；

E. LH 的等效声级。

附录测量记录标（参考件）

附录测量记录表（参考件）

铁路边界噪声测量记录表　年　月　日

编号		地点		时分至时分		
几股线路		车流密度		距轨面距离/m		
测点与轨道间 地面状况						
测点仪器						
等效声级/dB(A)						
背景噪声声级/dB(A)						

附录5 城市区域噪声标准

中华人民共和国国家标准
城市区域噪声标准
Standard of environmental noise of urban area
GB 3096—93

本标准为贯彻《中华人民共和国环境保护法》及《中华人民共和国环境噪声污染防治条例》，保障城市居民的生活声环境质量而制订。

1 主题内容与适用范围

本标准规定了城市五类区域的环境噪声最高限值。

本标准适用于城市区域。乡村生活区域可参照本标准执行。

2 引用标准

GB/T 14623 城市区域环境噪声测量方法

3 标准值

城市5类环境噪声标准值列于下表：等效声级 L_{Aeq}/dB

类 别	昼 间	夜 间	类 别	昼 间	夜 间
0	50	40	3	65	55
1	55	45	4	70	55
2	60	50			

4 各类标准的适用区域

4.1 0类标准适用于疗养区、高级别墅区、高级宾馆区等特别需要安静的区域，位于城郊和乡村的这一类区域分别按严于0类标准5dB执行。

4.2 1类标准适用于以居住、文教机关为主的区域。乡村居住环境可参照执行该类标准。

4.3 2类标准适用于居住、商业、工业混杂区。

4.4 3类标准适用于工业区。

4.5 4类标准适用于城市中的道路交通干线道路两侧区域，穿越城区的内河航道两侧区域。穿越城区的铁路主、次干线两侧区域的背景噪声（指不通过列车时的噪声水平）限值也执行该类标准。

5 夜间突发噪声

夜间突发的噪声，其最大值不准超过标准值15dB。

6 区域及时间的划定

6.1 各类标准适用区域由当地人民政府划定。

6.2 本标准昼间、夜间的时间由当地人民政府按当地习惯和季节变化划定。

7 监测方法

按 GB/T 14623 执行。

附加说明:
本标准由国家环境保护局提出。
本标准主要起草人郭静男、郭秀兰、孙家麒、陈光华、赵仁兴。
本标准由国家环境保护局负责解释。

参 考 文 献

[1] 化学工业部环境保护设计技术中心站. 化工环境保护设计手册. 北京：化学工业出版社，1998.
[2] 吕玉恒，王庭佛. 噪声与振动控制设备及材料选用手册. 第 2 版. 北京：机械工业出版社，1999.
[3] 徐世勤，王樯. 工业噪声与振动控制. 第 2 版. 北京：冶金工业出版社，1999.
[4] 肖洪亮. 噪声污染控制. 武汉：武汉工业大学出版社，1998.
[5] 龚秀芬，孙广荣，吴启学. 噪声测量和控制. 江苏：江苏科学技术出版社，1985.
[6] 任文堂，祝存钦. 厂矿企业噪声和环境噪声控制. 北京：冶金工业出版社，1983.
[7] 国家环境保护总局监督管理司. 中国环境影响评价. 北京：化学工业出版社，2000.
[8] （日）岩佐茂. 环境的思想. 韩立新等译. 北京：中央编译出版社，1997.
[9] 陈湘筑，郭正. 环境工程. 北京：教育科学出版社，1999.
[10] 马大猷. 噪声与振动控制工程手册. 北京：机械工业出版社，2002.
[11] 盛美萍，王敏庆，孙进才. 噪声与振动控制技术基础. 北京：科学出版社，2005.
[12] 周新祥，噪声控制技术及其新进展. 北京：冶金工业出版社，2007.
[13] 张弛，噪声污染控制技术. 北京：中国环境科学出版社，2007.